新时代中国生物多样性与保护丛书

The Series on China's Biodiversity and Protection in the New Era

中国生态学学会　组编

中国生态系统多样性与保护

Ecosystem Diversity and Protection in China

郑　华　张　路　孔令桥　黄斌斌　编著

U0293335

河南科学技术出版社

·郑州·

图书在版编目（CIP）数据

中国生态系统多样性与保护 / 中国生态学学会组编；郑华等编著.—郑州：河南科学技术出版社，2022.10

（新时代中国生物多样性与保护丛书）

ISBN 978-7-5725-0508-9

Ⅰ.①中… Ⅱ.①中… ②郑… Ⅲ.①生态环境—环境保护—研究—中国 Ⅳ.①X171.1

中国版本图书馆CIP数据核字（2021）第123406号

出版发行：河南科学技术出版社
　　　　　地址：郑州市郑东新区祥盛街27号　　邮编：450016
　　　　　电话：（0371）65737028　65788613
　　　　　网址：www.hnstp.cn
选题策划：张　勇
责任编辑：申卫娟
责任校对：刘逸群
整体设计：张　伟
责任印制：张艳芳
地图审图号：GS（2021）5790号
地图编制：湖南地图出版社
印　　刷：河南新华印刷集团有限公司
经　　销：全国新华书店
开　　本：787 mm×1 092 mm　1/16　　印张：9.5　　字数：135千字
版　　次：2022年10月第1版　　2022年10月第1次印刷
定　　价：78.00元

如发现印、装质量问题，影响阅读，请与出版社联系并调换。

序言

生物多样性是地球上所有动物、植物、微生物及其遗传变异和生态系统的总称。习近平总书记指出："生物多样性关系人类福祉，是人类赖以生存和发展的重要基础。"生物多样性是全人类珍贵的自然遗产，保护生物多样性、共建万物和谐的美丽世界不仅是当前经济社会发展的迫切需要，也是人类的历史使命。

我国国土辽阔、海域宽广，自然条件复杂多样，加之较古老的地质史，形成了千姿百态的生态系统类型和自然景观，孕育了极其丰富的植物、动物和微生物物种。

我国是全球自然生态系统类型最多样的国家之一，包括森林、灌丛、草地、荒漠、高山冻原与海洋等。在陆地自然生态系统中，有森林生态系统240类，灌丛生态系统112类，草地生态系统122类，荒漠生态系统49类，湿地生态系统145类，高山冻原生态系统15类，共计683种类型。我国海洋生态系统主要有珊瑚礁生态系统、海草生态系统、海藻场生态系统、上升流生态系统、深海生态系统和海岛生态系统，以及河口、海湾、盐沼、红树林等重要滨海湿地生态系统。

我国是动植物物种最丰富的国家之一。我国为地球上种子植物区系起源中心之一，承袭了北方古近纪、新近纪，古地中海及古南大陆的区系成分。我国有高等植物3.7万多种，约占世界总数的10%，仅次于种子植物最丰富的巴西和哥伦比亚，其中裸子植物289种，是世界上裸子植物最多的国家。中国特有种子植物有2个特有科，247个特有属，17 300种以上的特有种，占我国高等植物总数的46%以上。我国还是水稻和大豆的原产地，现有品种分别达5万个和2万个。我国有药用植物

11 000 多种，牧草 4 215 种，原产于我国的重要观赏花卉有 30 余属 2 238 种。我国动物种类和特有类型多，汇合了古北界和东洋界的大部分种类。我国现有 3 147 种陆生脊椎动物，特有种共计 704 种。包括 475 种两栖类，约占全球总数的 4%，其中特有两栖类 318 种；527 种爬行类，约占全球总数的 4.5%，其中特有爬行类 153 种；1 445 种鸟类，约占全球总数的 13%，其中特有鸟类 77 种；700 种哺乳类，约占全球总数的 10.88%，其中特有哺乳类 156 种。此外，中国还有 1 443 种内陆鱼类，约占世界淡水鱼类总数的 9.6%。我国脊椎动物在世界脊椎动物保护中占有重要地位。

我国保存了大量的古老孑遗物种。由于中生代末我国大部分地区已上升为陆地，第四纪冰期又未遭受大陆冰川的影响，许多地区都不同程度保留了白垩纪、古近纪、新近纪的古老残遗部分。松杉类植物世界现存 7 个科中，中国有 6 个科。此外，我国还拥有众多有"活化石"之称的珍稀动植物，如大熊猫、白鳍豚、文昌鱼、鹦鹉螺、水杉、银杏、银杉和攀枝花苏铁等。

我国政府高度重视生物多样性的保护。自 1956 年建立第一个自然保护区——广东鼎湖山国家级自然保护区以来，我国一直积极地推进自然保护地建设。目前，我国拥有国家公园、自然保护区、风景名胜区、森林公园、地质公园、湿地公园、水利风景区、水产种质资源保护区、海洋特别保护区等多种类型自然保护地 12 000 多个，保护地面积从最初的 11.33 万 km^2 增至 201.78 万 km^2。其中，陆域不同类型保护地面积 200.57 万 km^2，覆盖陆域国土面积的 21%；海域保护地面积约 1.21 万 km^2，覆盖海域面积的 0.26%。这对保护我国的生态系统与自然资源发挥了重要作用。同时，我国还积极推进退化生态系统恢复，先后启动与实施了天然林保护、退耕还林还草、湿地保护恢复，以及三江源生态保护和建设、京津风沙源治理、喀斯特地貌生态治理等区域生态建设工程。党的十八大以来，生态保护的力度空前，先后启动了国家公园体制改革、生态保护红线规划、重点生态区保护恢复重大生态工程。我国是全球生态保护恢复规模与投入最大的国家。自进入 21 世纪以来，我国生态系统整体好转，大熊猫、金丝猴、藏羚羊、朱鹮等珍稀濒危物种种群得到恢复和持续增长，生物多样性保护取得显著成效。

时值联合国《生物多样性公约》第十五次缔约方大会（COP15）在中国召开之际，中国生态学学会与河南科学技术出版社联合组织编写了"新时代中国生物多样性与保护丛书"。本套丛书包括《中国植物多样性与保护》《中国动物多样性与保护》《中国生态系统多样性与保护》《中国生物遗传多样性与保护》《中国典型生态脆弱区生态治理与恢复》《中国国家公园与自然保护地体系》和《气候变化的应对：中国的碳中和之路》七个分册，分别从植物、动物、生态系统、生物遗传、生态治理与恢复、国家公园与保护地、生态系统碳中和七个方面系统介绍了我国生物多样性特征与保护所取得的成就。

本丛书各分册作者为国内长期从事生物多样性与保护相关科研工作的一流专家学者，他们不仅积累了丰富的关于我国生物多样性与保护的基础资料，而且还具有良好的国际视野。希望本丛书的出版，可推动社会各界进一步关注我国复杂多样的生态系统、丰富的动植物物种和遗传资源，进而更深入地了解我国生物多样性保护行动与成效，以及我国生物多样性保护对人类发展做出的贡献。

在本丛书即将出版之际，特向河南科学技术出版社及中国生态学学会办公室范桑桑和庄琰的组织联络工作致以衷心的感谢。我国生物多样性极其丰富复杂，加之本丛书策划编撰的时间较短，文中疏漏和错误之处，敬请广大读者指正批评。

中国生态学学会理事长　欧阳志云

2021 年 8 月

前言

生态系统与人类的生产、生活息息相关。作为地球生命支持系统，生态系统为人类社会提供了粮食、水资源、木材等丰富多样的产品，还维持了稳定的生存环境，并提供了休憩娱乐场所和美学感受。生态系统提供的多种生态系统服务是经济社会可持续发展的基础。保护生态系统，提高生态系统质量，确保生态系统服务的可持续供给，是提高人类福祉和推动可持续发展进程的重要保障。

我国幅员辽阔，跨越了5个气候带，地形复杂多样，平原、高原、山地、丘陵、盆地5种地形齐备，具有12种土壤类型。辽阔的国土面积和复杂的自然地理条件，共同决定了我国生态系统类型多样，构成复杂。类型丰富的生态系统作为我国经济社会发展的坚实基础，提供了多种多样的物质产品，调控着稳定适宜的生存环境。然而，随着社会对生态系统服务（例如食物和洁净水）需求日益增加，人类活动却在导致许多生态系统提供这些服务的能力降低，进而导致土地生产力下降以及土壤侵蚀、土地沙化、石漠化等一系列突出生态问题，影响区域生态安全与居民福祉。

我国政府高度重视生态系统保护与恢复，启动了退耕还林、保护天然林、生态公益林建设等多项生态系统保护与恢复工程，采取了自然保护区建设、湿地保护等一系列有利于生态系统保护与恢复的重大举措，自1998年至2015年，我国实施的16项生态系统保护和恢复工程在约624万km^2的土地上共投资了3 785亿美元，这一努力在全球范围内都是史无前例的。这些工程为遏制我国生态系统退化发挥了重要作用，也为经济社会的快速发展提供了生态环境基础和保障。

为了全面了解生态系统与人类社会的关系，掌握我国生态系统类型与分布特征、主要生态问题，以及生态系统质量与生态系统服务状况，明确我国生态系统保护举措及成效，我们编写了本书。

全书共由6章构成。第一章探讨了生态系统与人类福祉的关系，阐述了生态系统服务对经济社会发展的支撑作用，突出保护生态系统的必要性，由郑华负责编写；第二章系统概述了我国主要生态系统类型、空间分布特征以及近年来我国生态系统类型变化特征，由张路、郑华负责编写；第三章主要从土壤侵蚀、土地沙化、石漠化和盐渍化等方面阐述了我国突出生态问题的空间格局及时间变化特征，由孔令桥、郑华负责编写；第四章介绍了我国生态系统质量与生态系统服务的空间特征及其时间变化动态，由黄斌斌、孔令桥、郑华负责编写；第五章总结了我国生态系统保护的主要举措以及近40年来取得的成效，由郑华、张路负责编写；第六章提出了强化我国生态系统保护的具体对策，由郑华、孔令桥负责编写。最后由郑华负责统稿。

本书编写过程中，参考和引用了许多学者的成果以及部分统计结果，因篇幅有限，不能一一列举，藉此表示衷心的感谢。感谢李金利老师为本书提供了部分照片。

本书可供生态系统、自然资源、生态系统管理等研究领域研究人员阅读，也可为自然资源、生态环境部门决策人员参考，还可作为热爱生态学人群的科普读物。

受作者学识的限制，书中可能存在缺漏和错误，敬请有关专家和读者批评指正。

编者

2021年4月

目录

第一章

生态系统与人类福祉

生态系统能为我们提供产品和生存环境两方面的多种服务，包括肥沃的土壤、洁净的水源、优良的木材以及安全的食物，还可以减少疾病的传播，可以抵御洪水，缓解干旱等，它们调节了全球范围内大气中氧气和二氧化碳的浓度，同时也为人类提供娱乐消遣的场所或者满足我们对美的体验和感悟。生态系统服务是我们生存发展的基础。然而人类毫无节制地从自然生态系统中索取食物、木材等，严重削弱和损害了生态系统服务，导致空气和水质的恶化、气候变化异常、土地退化等一系列生态环境问题，有些损害甚至不可逆转。需要我们从科技、政策、教育等多方面入手，保护生态系统服务，提高区域经济社会可持续发展能力。

一、生态系统服务的内涵

生态系统作为地球生命支持系统，向人类提供了多个方面的惠益，总的来说，这些惠益称为生态系统服务。生态系统服务可分为 4 个方面：产品提供服务、调节服务、文化服务和支持服务（图 1.1）。

产品提供服务指生态系统为人类提供食物、淡水、生物燃料和水电等产品。生态系统可比任何一个大超市都神奇，因为它可以提供种类丰富的自然产品和服务。产品提供服务可维持天然产品的供应：食物（包括林产品和海产品）、木材、燃料、纤维、水、医用动植物及其他工业原料（图 1.1、图 1.2）。

调节服务指生态系统调节气候、控制自然灾害、控制疾病传播、净化水质和处理废物等服务。调节服务可保持自然界中各种生物过程的平稳运行。它们过滤污染物以维持空气和水的洁净，调节气候以满足人类生存的需要，平衡大气中二氧化碳和氧气的浓度，分解废弃物和死亡的动植物残体，并可

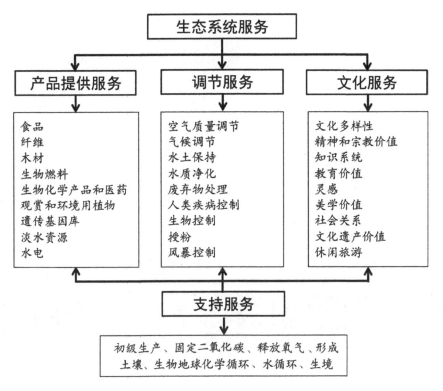

图 1.1 生态系统服务的分类

作为控制农业害虫和疾病媒介的天然防御屏障（图 1.1、图 1.3）。

文化服务是指人类与自然接触后所获得的无形收益——从具有重要文化价值或娱乐性的活动（诸如徒步、旅行、垂钓、打猎、漂流和园艺等）中获得的美学、精神和心理上的收益，它包括提供知识系统、教育、美学、灵感、休闲旅游等服务。这些服务正越来越多地和我们的健康状况相联系，特别是那些和减少压力、提高幸福感、激发灵感有关的服务（图 1.1、图 1.4）。

支持服务指维持生态系统结构和功能的基础过程，包括生态系统初级生产、固定二氧化碳、释放氧气、形成土壤、生物地球化学循环、水循环、提供生境等服务。我们虽然不能直接从支持服务中获益，但是支持服务是一切服务有效运行的基础，支持服务常被认为是维持产品提供服务、调节服务和文化服务的重要支柱。

图 1.2 生态系统产品提供服务举例（食用油、木材和畜产品）

图 1.4 生态系统文化服务举例（九寨沟的旅游服务）

图1.3 生态系统调节服务举例（水源涵养、授粉和土壤保持）

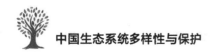

二、生态系统服务对经济社会发展的支撑作用

生态系统服务对人类经济社会发展起到了不可替代的支撑作用。人类享受生态系统提供的各种产品,如:新鲜的瓜果蔬菜、美味的鱼虾蟹贝和洁净的空气与淡水;人类也在享受着生态系统调节气候、调节洪水、控制疾病、净化水质等服务;人类还利用着生态系统提供的娱乐消遣、放松身心、缓解疲劳等方面的服务。毫不夸张地说,没有了生态系统也就没有了我们生活的家园,生态系统服务是经济社会可持续发展的基础。

1. 提供生态系统产品

生态系统通过第一性生产与次级生产,合成与生产了人类存在所必需的有机质及其产品。据统计,每年各类生态系统为人类提供粮食 18 亿 t、肉类 6 亿 t,同时海洋还提供鱼类 1 亿 t。生态系统还为人类提供了木材、纤维、橡胶、医药资源,以及其他工业原料。生态系统还是重要的能源来源,据估计,全世界每年约有 15% 的能源取自生态系统,在发展中国家更是高达 40%。

2. 产生和维持生物多样性

生态系统不仅为各类生物物种提供繁衍生息的场所,还为生物进化及生物多样性的产生与形成提供了条件。同物种不同的种群对气候因子的扰动与化学环境的变化具有不同的抵抗能力,多种多样的生态系统为不同种群的生存提供了场所,从而可以避免因某一环境因子的变动而导致物种绝灭,并保存了丰富的遗传基因信息。

生态系统在维持与保存生物多样性的同时,还为农作物品种的改良提供了基因库。据研究,人类已知约有 8 万种植物可以食用,而人类历史上仅利用了 7 000 种植物,只有 150 种粮食植物被人类广泛种植与利用,其中 82 种作物提供了人类 90% 的食物。那些尚未被人类驯化的物种,都由生态系统所维持，它们既是人类潜在食物的来源，还是农作物品种改良与新的抗逆品种的基因来源。

生态系统还是现代医药的最初来源，最新研究表明，在美国用途最广泛的 150 种医药中，118 种来源于自然，其中 74% 来源于植物，18% 来源于真菌，5% 来源于细菌，3% 来源于脊椎动物。在全球，约有 80% 的人口依赖于传统医药，而传统医药的 85% 是与野生动植物有关的。

3. 调节气候

气候对地球上生命进化与生物的分布起着主要的作用，尽管一般认为地球气候的变化主要是受太阳黑子及地球自转轨道变化影响，但生物本身在全球气候的调节中也起着重要的作用，例如，生态系统通过固定大气中的 CO_2 而减缓地球的温室效应。生态系统还对区域性的气候具有直接的调节作用，植物通过发达的根系从地下吸收水分，再通过叶片蒸腾，将水分返回大气，大面积的森林蒸腾，可以产生雷雨，从而减少了该区域水分的损失，而且还降低了气温，如在亚马孙流域，50% 的年降水量来自森林的蒸腾。

4. 减轻洪涝与干旱灾害

地球上每年总降水量约 119 千亿 m^3，大多数雨水首先由土壤吸收，然后再由植物利用，或转入地下水。但如果没有生态系统的作用，雨水直接降落到裸露的地面，不仅大大减少土壤对水分的吸收量，使地表径流增加，还将导致土壤与营养物的流失。在美国新罕布什尔州的径流研究发现，裸地平均径流增加 40%，而在森林砍伐后的 4 个月，地表径流比砍伐前增加 5 倍。据研究，喜马拉雅山大范围的森林砍伐加剧了孟加拉国的洪涝灾害，在非洲，大范围的干旱可能也与大规模的森林砍伐有关。我国 1998 年长江全流域洪涝灾害的形成与中上游植被减少、水源涵养能力下降、水土流失加剧的密切关系，已为人们所广泛认识。

水土流失的发生不仅使土壤生产力下降，降低雨水的可利用性，还造成下游可利用水资源量减少，水质下降。河道、水库淤积，降低发电能力，增加洪涝灾害发生的可能性。每年全球仅水土流失导致水库淤积所造成的损失约 60 亿美元。湿地调蓄洪水的作用已为人们所熟知，泛洪区的森林不仅能减缓洪水速度，还能加速泥沙的沉积，减少泥沙进入河道、湖泊与海洋。如美国密西西比河流域保留的小面积湿地，对于预防密西西比河的洪水起了重要的作用。

5. 还原有机质和提供养分

土壤还原有机质，将许多潜在的病原物无害化。人类每年产生的废弃物约 1 300 亿 t，其中约 30% 是源于人类活动，包括生活垃圾、工业固体废弃物、农作物残留物以及人与各种家畜的有机废弃物。有幸的是，自然界拥有一系列的还原者，从秃鹰到细菌，它们能从各种废弃物的复杂有机大分子中摄取能量。不同种类的微生物像流水线上的工人，各自分解某种特定的化合物，并合成新的化合物，再由其他微生物利用，直到还原成最简单的无机化合物。许多工业废弃物，如肥皂、农药、油、酸等都能被生态系统中的微生物无害化与降解。不过，有些有机废物，如塑料、杀虫剂 DDT 等，在自然界中难以降解。

土壤还原有机质形成简单无机物，作为营养物提供给植物。有机质的降解与营养物的循环是同一过程的两个方面。土壤肥力，即土壤为植物提供营养物的能力，很大程度上取决于土壤中的细菌、真菌、藻类、原生动物、线虫、蚯蚓等各种生物的活性。细菌可以从大气中摄取氮，并将其转换成植物可以利用的化学形态。在 1 hm^2 土地中的蚯蚓每年可以加工 10 余 t 有机物，从而可以大大改善土壤的肥力及其理化性质。为植物保存并提供养分，土壤中带负电荷的微粒 (主要是腐殖质与黏土粒，直径通常小于 2 μm) 吸附可交换的营养物质，以供植物吸收。如果没有土壤微粒，营养物将会很快淋失。同时，土壤还作为人工施肥的缓冲介质，将营养物离子吸附在土壤中，在植物需要时释放。

6. 传粉与扩散种子

大多数显花植物需要动物传粉才得以繁衍。据研究，在全世界已记载的24万种显花植物中，有22万种需要动物传粉。如果没有动物的传粉，不仅会导致农作物大幅度的减产，还会导致一些物种的灭绝。据记载，已发现传粉动物约10万种，包括鸟、蝙蝠与昆虫。动物在为植物传粉的同时，也取得自身生长、发育、繁殖所需要的食物与营养。动物还是植物种子扩散的主要载体之一。

7. 控制有害生物

有害生物是指在一定条件下，对人类生活、生产甚至生存产生危害的生物。据估计，每年有25%以上的农产品被这些有害生物消耗，同时，还有成千上万种杂草直接与农作物争水、光和土壤营养。但是据估计农作物99%的潜在有害生物能得到自然天敌的有效控制，从而给人类带来了巨大的经济效益。而化学农药的大量使用，使对农药产生抗性的害虫越来越多，农药使用剂量也在不断提高，不仅严重地污染了环境，对人类健康造成潜在威胁，而且还降低了自然控制害虫的能力，加剧了次要害虫的暴发。

8. 净化环境

陆地生态系统的生物净化作用包括植物对大气污染的净化作用和土壤—植物系统对土壤污染的净化作用。植物净化大气主要是通过叶片的作用实现的。植物净化大气的作用主要有两个方面，一是吸收 CO_2，放出 O_2 等，维持大气环境化学组成的平衡；二是在植物抗生范围内能通过吸收而减少空气中硫化物、氮化物、卤素等有害物质的含量。

SO_2 在有害气体中数量最多，分布最广，危害较大。树木对 SO_2 具有一定程度的抵抗能力，并且以其独特的生理功能，通过叶片上的气孔和枝条上的皮孔吸收，在体内通过氧化还原过程转化为无毒物质，即降解作用，或积累于某一器官内，或由根系排出体外。植物对于大气污染物质的这种吸收、降解、积累和迁移，无疑是对大气污染的一种净化作用。一般生长于 SO_2 污染地区

的植物叶片中 SO_2 的含量比正常叶片高 5 ~ 10 倍。此外，植物特别是树木对烟灰、粉尘有明显的阻挡、过滤和吸附作用。研究发现，每公顷云杉、松树、水青冈的年阻尘量分别为 32 t/hm²、34.4 t/hm²、68 t/hm²。

三、人类对生态系统服务的利用及后果

虽然人类对生态系统服务研究的时间尚不太长，但是我们的祖先早已意识到了生态系统对人类社会发展的支持作用。早在古希腊，柏拉图认识到雅典人对森林的破坏导致了水土流失和水井的干涸。在中国，风水林的建立与保护也反映了人们对森林保护村庄与居住环境作用的认识。在美国，George Marsh（乔治·马什）也许是第一个用文字记载生态系统服务作用的人，他在 *Man and Nature*（《人与自然》）一书中记载：由于受人类活动的巨大影响，地中海地区广阔的森林在山峰之间消失了，肥沃的土壤被冲洗走了，肥沃的草地因灌溉水井枯竭而荒芜，著名的河流因此而干涸。Marsh 也意识到了自然生态系统分解动植物尸体的服务，他在书中写道：自然生态系统为人类提供了一项重要的服务，即消耗腐烂的动植物尸体，如果没有它们，空气中将弥漫着对人类健康有害的气体。同时他还指出：水、肥沃的土壤，乃至我们所呼吸的空气都是大自然与其生物所赐予的。而农业与工业将对自然秩序与功能造成影响。

以后直到 Aldo Leopold（奥尔多·利奥波德）才开始深入地思考生态系统服务，他曾指出：赶走狼群的牛仔们没有意识到自己已经取代了狼群控制牧群规模的职责，没有想到失去狼群的群山会变成什么样子。结果导致尘土满天，肥沃的土壤流失，河流把（我们的）未来冲进大海。Leopold 也认识到人类自己不可能替代生态系统服务，并指出：土地伦理将人类从自然的统治者还原成为自然的普通一员。在这个时期，Fairfield Osborn（费尔菲尔德·奥斯本）与 William Vogt（威廉·沃格特）也分别研究了生态系统对维持社会经济发展的意义。Osborn 指出：只要我们注意地球上可耕种及人类可居住的地方，就可以发现水、土壤、植物与动物是人类文明得以发展的条件，乃至人类赖以生存的基础。Vogt 是第一个提出自然资本概念的人，他在讨论国家债务时指出：我们耗竭自然资源（尤其土壤）资本，就会降低我们偿还债务的能力。

在过去的 50 年中，为了满足快速增长的食物、淡水、木材、纤维和燃料需求，人类改变生态系统的规模和速度皆超过了历史上任何时期同一时段的情况：水资源利用量增加、水和空气质量下降、森林覆盖率减少、野生动植物栖息地丧失、全球气候变暖以及大量物种灭绝。这些改变造成了人类生活环境的恶化，提高了生存的成本，加剧了贫困地区人们生活的困难，直接影响区域乃至全球的可持续发展。

随着人口增长和经济社会发展，人类对食物、水、木材、纤维和燃料的需求日益增加。1960—2000 年，世界人口翻了一番增至 60 亿，全球经济增长了 6 倍。为了满足人口和经济增长的需求，人类一方面提高作物和牲畜等的产量来满足需求，另一方面也扩大对现有生态系统产品的消费，如增加农业灌溉用水、增加海洋捕鱼量。其结果是食物生产量大约增加了 2.5 倍，水资源使用量翻了一番，用于生产纸浆和成品纸的木材砍伐量增至原来的 3 倍，水电发电量翻了一番，木材生产增加了大约 60%。

联合国于 2001 年 6 月 5 日正式启动了"千年生态系统评估（Millennium Ecosystem Assessment，MA）"项目，评估结果表明：大约 60% 的生态系统服务正处于退化或者不可持续利用的状态，在 1950—2000 年，人类改变生态系统的速度和规模超过人类历史上任一时期的同一时段。这主要是人类对食物、淡水、木材、纤维和燃料需求的迅速增长造成的，其结果导致了地球上生物多样性的严重丧失，而且其中大部分是不可逆转的；人类福祉和经济发展确实得到了实质性发展，但是其代价是生态系统诸多服务的退化（图 1.5）、

图1.5　人类活动导致的生态系统服务退化举例（草地退化、森林退化、荒漠化）

非线性变化风险的增加和某些人群贫困状况的加剧。这些问题如果得不到解决，将极大地削减人类后代从生态系统所获取的惠益。生态系统服务的退化在21世纪上半叶可能会更加恶化，并将成为实现联合国千年发展目标的障碍。既要逆转生态系统服务退化的趋势，又要满足人类不断增长的对生态系统服务的需求，就必须在政策、机构和实践方面进行一系列重大调整。

人类利用生态系统服务并损害生态系统服务的突出表现是：人类过度重视和利用生态系统的产品提供服务，导致生态系统调节服务、文化服务和支持服务（尤其是生态系统调节服务）的退化和丧失，甚至造成难以弥补或不可逆转的伤害。例如，通过砍伐原始森林或扩大人工林面积，人类得到了大量的纸制品和木材，但是这样一来造成原始森林生态系统所能起到减少洪水和充当"绿色水库"的功能极大丧失，洪涝频发，局地气候改变，同时导致生物多样性下降。又如，人类对生态系统污染物净化功能的损害导致了空气污染、湖泊富营养化、土壤退化或污染等问题。此外，由于生态系统遭受破坏，其调节气候的服务也受到损害，进而造成极端高温、极端低温、极端干旱或极端降水事件的频繁发生。人类对生态系统服务的损害和削弱导致一系列严重的生态环境问题，危及人类经济社会的可持续发展，乃至人类的生存。

第二章

生态系统类型与分布

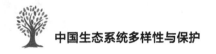

一、孕育生态系统的自然地理条件

生态系统结构和功能受气候、地形、土壤等因素控制（李博，等，2015），我国辽阔的国土面积和复杂的自然地理条件共同决定了我国生态系统类型多样，构成复杂。

（一）气候条件

在较大的地理尺度上，气候是对生态系统影响最大的因素。适宜的气候是生命活动与生命过程的必要条件，对生态系统结构与外貌具有强烈影响。我国年均气温的地理分布明显受到纬度和海拔的影响，东部地区自北向南温度递增，跨越了寒温带、温带、暖温带、亚热带、热带5个气候带，西部地区表现为青藏高原高山寒带向亚热带的梯度分布。最南部海南岛地区年均温最高，达到 22～24 ℃；台湾沿海地区和云南南部年均温也普遍高于 20 ℃；黑龙江北部年均温最低，达 0 ℃左右；内蒙古中部和青藏高原大部分地区年均温普遍低于 5 ℃；秦岭—淮河以南最冷月均温度在 0 ℃以上，成为我国南北方分界线。我国降水主要集中在夏半年，空间分布总体呈现由东南向西北逐渐减少的特征。东半部降水分布基本按纬度的增加而减少。最高降水地区分布在浙江、福建、广东、川西山地、喜马拉雅山南坡，年降水量均超过 2 000 mm。柴达木盆地、塔里木盆地、吐鲁番盆地是我国最干燥地区，年降水量在 25 mm 以下。400 mm 年等降水量线是我国半干旱和半湿润区的分界线，大致在大兴安岭—坝上草原—六盘山—拉萨一线，降水量线以西包括内蒙古中、东部地区，河北，山西雁北，陕西北部，宁夏南部的西海固，甘肃定西、榆中，青海玉树、果洛，以及西藏拉萨等地区在内的雨养农业区。内蒙古西部经河西走廊西部以及藏北高原一线为

200 mm 等降水量线，进入干旱地区。

（二）地形条件

我国地处亚欧大陆东南部，东南濒临太平洋，西北深入亚欧大陆腹地，西南与南亚次大陆相邻，地形复杂多样，平原、高原、山地、丘陵、盆地5种地形齐备，山区面积广大，约占全国面积的2/3；高山、高原都分布在大兴安岭—太行山—巫山—雪峰山一线以西，丘陵和平原主要分布在这一线以东。黄河、长江、珠江等主要河流发源于西部的高原、山区，沿地势倾斜东流入海。地势总体西高东低，由西向东依海拔梯度形成三级阶梯。西南部的青藏高原平均海拔在4 000 m 以上，为第一阶梯；大兴安岭—太行山—巫山—云贵高原东一线以西与第一阶梯之间为第二阶梯，海拔在1 000 ~ 2 000 m；第二阶梯以东，海平线以上的陆面为第三阶梯，海拔在500 m 以下，主要为丘陵和平原。青藏高原区域由纵横交错的山脉切割成大小不一的盆地，东部与南部河流密集，北部冰湖众多，西部以干旱盆地为主。西北部地区由于降水稀少，风力强劲，表现为以沙漠、戈壁、洪积平原为主的干旱地貌景观。东部地区受季风活动影响，降水充沛，河流众多，水流对地貌改造作用强烈，形成了以山地、平原、丘陵为主的地貌特征。地貌特征代表了地质构造线方向，我国处于西伯利亚台地与印度台地之间，相对活动带呈东西走向，南北走向山脉主要分布于中部地区，如贺兰山、六盘山、横断山等，成为我国东西分界线。

（三）土壤条件

土壤是一定时期内，在一定的气候和地形条件下，活有机体作用于成土母质而形成的。根据土壤属性差异，我国共有12种土壤类型，分别为铁铝土、淋溶土、半淋溶土、钙层土、干旱土、漠土、初育土、水成土、半水成土、盐碱土、人为土、高山土。各类土壤的空间分布受气候、地形、母质、植被、人类活动的综合作用。我国热量条件与水分条件的地带性差异导致了土壤水平地带性分布特点。东部和东南部地区,雨量充沛,土壤中易溶性盐类被淋溶,形成酸性土壤,大致相当于森林分布区。在半干旱区,随着雨量减少,土壤中易溶性盐类被淋洗,而石灰仍保留在土壤中,形成各式钙积土,相当于草原分布区。在干旱区,雨量极少,石灰和石膏得以保存在土壤上层甚至表层,盐碱土大面积分布,相当于荒漠分布区。在青藏高原,从东南向西北,随着气候逐渐干旱,形成了草毡土—冷钙土、寒钙土—寒漠土、冷漠土的梯度格局。东部森林区沿热量梯度由南向北呈现砖红壤—红壤—黄棕壤—棕壤—暗棕壤的分布特征。中国北部沿水分梯度由东向西呈现黑土/黑钙土—灰褐土—栗钙土—黑垆土—褐土—灰漠土的分布特征(孙鸿烈,2005)。

二、森林和灌丛生态系统

森林生态系统面积为 192.02 万 km²,主要分布于我国东部湿润、半湿润地区,其中,东北、西南与华南地区森林面积较大,包括兴安落叶松林、红杉林、岷江冷杉林、樟子松林、蒙古栎林、青冈林等群丛,分为阔叶林、针叶林、针阔混交林和稀疏林 4 个二级类型(图 2.1)(欧阳志云,等,2015)。

阔叶林生态系统总面积为 94.42 万 km²,占全国陆地面积的 9.83%,占森林生态系统面积的 49.17%。其中,落叶阔叶林是我国北方温带地区的主要森林植被类型,也是华北暖温带的地带性植被,较集中的分布区包括大兴安岭、小兴安岭、长白山脉、燕山、吕梁山及陇南—秦岭北坡—伏牛山地区;常绿阔叶林广泛分布于我国南方热带、亚热带,东部沿海至青藏高原东部地区。

针叶林生态系统总面积为 88.42 万 km²,占全国陆地面积的 9.21%,占森林生态系统面积的 46.05%。其中,常绿针叶林在森林生态系统中比

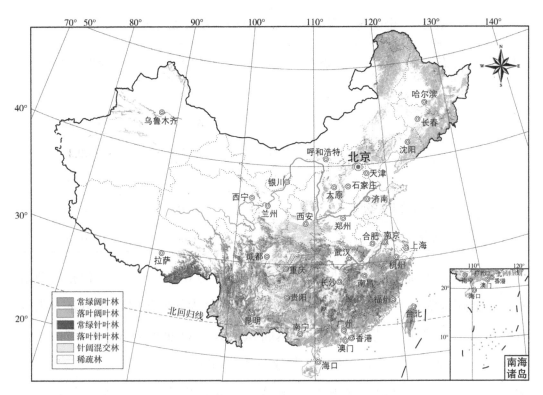

图 2.1　全国森林生态系统分布图（2015 年）

例最高，广泛分布于我国南方亚热带低山、丘陵和平地，北方分布面积相对较小；落叶针叶林在我国集中分布于大、小兴安岭林区和阿尔泰山地区。

针阔混交林生态系统总面积为 8.90 万 km^2，占全国陆地面积的 0.93%，占森林生态系统面积的 4.63%。在我国分布于小兴安岭、完达山、老爷岭、长白山地区的中山地带。

稀疏林生态系统总面积为 0.28 万 km^2，占全国陆地面积的 0.03%，占森林生态系统面积的 0.15%（表 2.1）。

表 2.1 全国各类森林生态系统类型面积构成（2015 年）

序号	生态系统二级类	生态系统三级类	面积 / 万 km²	面积比例 /%
1	阔叶林	常绿阔叶林	38.05	19.81
		落叶阔叶林	56.37	29.36
2	针叶林	常绿针叶林	77.32	40.27
		落叶针叶林	11.10	5.78
3	针阔混交林	—	8.90	4.63
4	稀疏林	—	0.28	0.15

灌丛生态系统空间分布与森林相似，面积为 67.61 万 km²。包括沙地柏灌丛、金露梅灌丛、高山杜鹃灌丛等群丛，可分为阔叶灌丛、针叶灌丛和稀疏灌丛 3 个二级类。其中，阔叶灌丛面积最大，总面积为 60.03 万 km²，占灌丛生态系统面积的 88.79%，集中分布于华北及西北山地，以及云贵高原和青藏高原等地；而针叶灌丛与稀疏灌丛总面积仅为 0.87 万 km² 与 6.71 万 km²，分别占灌丛生态系统面积的 1.29% 与 9.92%（表 2.2），前者主要分布于川藏交界高海拔区及青藏高原，后者多见于塔克拉玛干、腾格里等大型荒漠内部或边缘（图 2.2）。

表 2.2 全国各类灌丛生态系统类型面积构成（2015 年）

序号	生态系统二级类	生态系统三级类	面积 / 万 km²	面积比例 /%
1	阔叶灌丛	常绿阔叶灌木林	16.69	24.69
		落叶阔叶灌木林	43.34	64.10
2	针叶灌丛	常绿针叶灌木林	0.87	1.29
3	稀疏灌丛	—	6.71	9.92

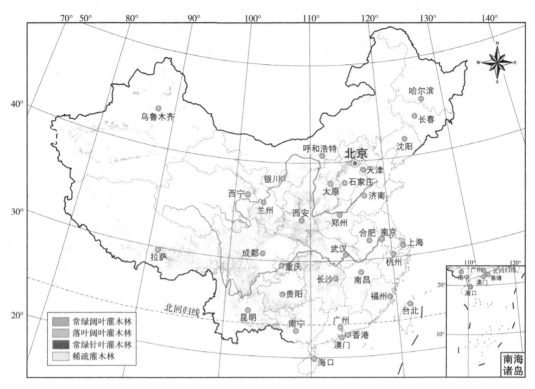

图 2.2 全国灌丛生态系统分布图（2015 年）

三、草地生态系统

草地生态系统主要分布在年降水量 400 mm 以下的干旱、半干旱地区，南方和东部湿润半湿润地区的山地（图 2.3），面积为 277.67 万 km²，占全国陆地面积的 28.92%。包括羊草草原、大针茅草原、绢蒿荒漠草原、座花针茅草原、西藏苔草 – 嵩草草甸等群丛，共分为草甸、草原、草丛、稀疏草地 4 大类。其中以草原生态系统为主，面积 120.00 万 km²，占全国陆地面积的 12.50%，占草地生态系统面积的 43.22%（表 2.3）。

表 2.3　全国各类草地生态系统类型面积构成（2015 年）

序号	生态系统类型	面积 / 万 km²	面积比例 /%
1	草甸	41.20	14.84
2	草原	120.00	43.22
3	草丛	17.41	6.27
4	稀疏草地	99.06	35.68

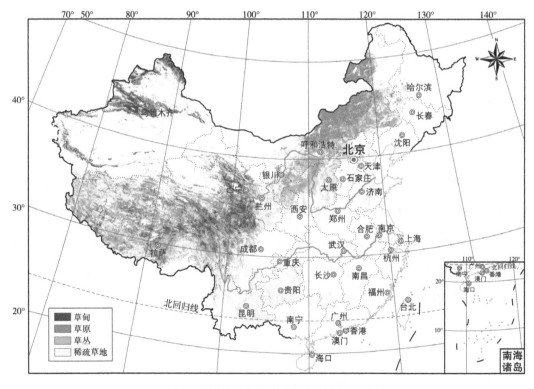

图 2.3　全国草地生态系统分布图（2015 年）

四、荒漠生态系统

　　荒漠生态系统主要分布在西北干旱区和青藏高原北部（图 2.4），其中新疆和内蒙古西部荒漠地区是荒漠生态系统核心分布区。面积为 136.23 万 km^2，占全国陆地面积的 14.19%，包括梭梭荒漠、膜果麻黄荒漠、泡泡刺荒漠、沙冬青荒漠、红砂荒漠、驼绒藜荒漠等群丛，共分为沙漠、荒漠裸岩、荒漠裸土、荒漠盐碱地 4 大类（表 2.4）。我国由西向东分布有塔克拉玛干、古尔班通古特、库木塔格、柴达木、巴丹吉林、腾格里、乌兰布和、库布齐 8 大沙漠。

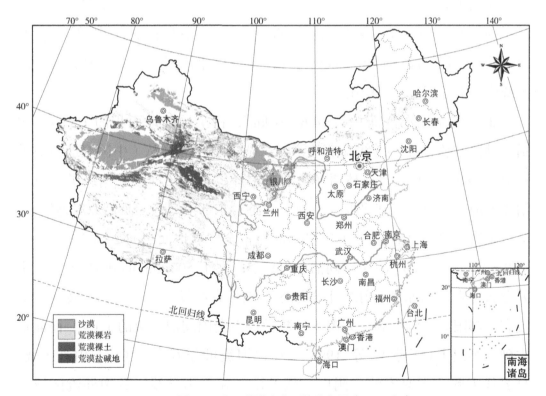

图 2.4　全国荒漠生态系统分布图（2015 年）

表 2.4　全国各类荒漠生态系统类型面积构成（2015 年）

序号	生态系统类型	面积 / 万 km²	面积比例 /%
1	沙漠	45.38	33.31
2	荒漠裸岩	24.05	17.65
3	荒漠裸土	59.22	43.47
4	荒漠盐碱地	7.58	5.56

五、湿地生态系统

　　湿地生态系统包括沼泽、湖泊、河流 3 个二级类。主要分布在东北三江平原、长江中下游、云贵高原、青藏高原以及沿海地区，面积为 35.38 万 km²，占全国陆地面积的 3.69%，虽然面积比例较小，但在维持区域生态系统稳定中发挥了重要作用。

　　2015 年全国沼泽面积为 14.61 万 km²，占全国陆地面积的 1.52%，包括多种落叶松沼泽、绣线菊灌丛沼泽、苔草沼泽等群丛（中国湿地植被委员会，1999），可分为森林沼泽、灌丛沼泽、草本沼泽 3 个三级类。目前沼泽湿地多分布于三江平原、黄河中下游、东部沿海、云贵高原等地区。

　　湖泊与河流总面积为 20.77 万 km²，占全国陆地面积的 2.16%（表 2.5、图 2.5）。大于 1 km² 的天然湖泊 2 759 个；大于 500 km² 的湖泊 31 个，主要分布于青藏高原和长江中下游地区，包括青海湖、纳木错、扎陵湖、鄂陵湖、鄱阳湖、洞庭湖、太湖等，数量仅占全国湖泊总数的 1.1%，而面积占到一半以上（王苏民，等，1998）。中国河流可分为外流区域与内流区域，分界线大致为大兴安岭—阴山—贺兰山—祁连山一线，其中外流区域约占全国总面积的 2/3，河流水量占全国河流总水量的 95% 以上；内流区域约占全国总面积的 1/3，但是河流总水量还不到全国河流总水量的 5%。

表2.5   全国各类湿地生态系统类型面积构成（2015 年）

序号	生态系统二级类	生态系统三级类	面积/万km²	面积比例/%
1	沼泽	森林沼泽	0.12	0.34
		灌丛沼泽	0.58	1.64
		草本沼泽	13.91	39.32
2	湖泊	天然湖泊	8.59	24.28
		水库/坑塘	6.04	17.07
3	河流	天然河流	5.84	16.51
		运河/水渠	0.30	0.85

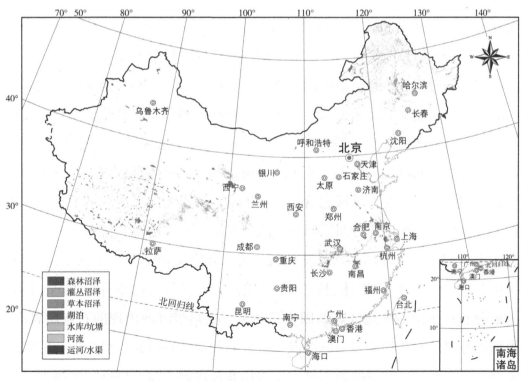

图 2.5 全国湿地生态系统分布图（2015 年）

六、海洋生态系统

中国海域地跨温带、亚热带、热带 3 个气候带，包括渤海、黄海、东海、南海、台湾以东太平洋地区 5 大海域，海岸线总长度 32 000 km，岛屿 7 600 余个，海域面积达 470 万 km²。海域内大陆架广阔，其中，渤海、黄海海底全部为大陆架，东海的 60%、南海的 50% 以上为大陆架，生态系统类型丰富，可分为河口、海湾、浅海、大陆坡、上升流、深海、红树林、珊瑚礁、热泉 9 类海洋生态系统。深海生态系统为适应高压、黑暗、低温的环境条件，形态结构和生态适应方面都与浅海生态系统不同，在我国主要分布在中沙与南沙群岛之间的大陆坡以及台湾东海岸的深海海域，目前仍处于初级研究阶段。热泉生态系统是深海海底热泉造成水温升高所形成的生物"绿洲"，热泉附近除有丰富的细菌和微生物以外，还有能够适应高温环境的蠕虫、蟹、蛤、鱼等生物，我国目前仅台湾岛东部龟山岛附近发现热泉生态系统。

河口和海湾分布有丰富的潮间滩涂，是迁徙水鸟的重要栖息地。浅海和大陆坡是海草床和海藻床分布区，包括丝粉草、鳗草、川蔓草、二药藻、针叶草、海菖蒲等海草床，马尾藻、石莼、鼠尾藻、裙带菜、羊栖菜、铜藻、海带等为优势的海藻床。上升流生态系统是由海洋水体垂直流动，营养物质转移形成的生态系统，区域内营养物质丰富，为渔场的形成提供了基础，我国上升流生态系统主要分布于台湾浅滩和东岸、浙江沿海、粤东近海、海南岛东岸等地区。红树林生态系统是河口地区和海岸带重要的生态系统类型，我国共有白骨壤林、红树林、秋茄林、木榄林、桐花树林、海桑林等 13 个群丛，主要分布在东南沿海地区。珊瑚礁是热带、亚热带海域出现的石灰质岩礁，由珊瑚分泌的石灰物质和遗骸组成，有数万种动植物以此为栖息地，形成了复杂的生态系统。我国的珊瑚礁主要包括鹿角珊瑚、蔷薇珊瑚、滨珊瑚、角孔珊瑚、牡丹珊瑚、蜂巢珊瑚等类型，分布于我国东海南部和南海诸岛地区。

七、农田生态系统

农田生态系统主要分布在东北平原、华北平原、长江中下游平原、珠江三角洲、四川盆地等区域，含耕地、田埂、园地、农田林网、灌渠等，面积合计 179.29 万 km²，占全国陆地面积的 18.68%（表 2.6）。

从空间来看，水田旱地大致以淮河为界，淮河以北多为旱地，北方农田集中分布于几大平原区，少量水田主要分布在东北三江平原、松花江河道两旁及辽东湾；淮河以南以水田为主，西南地区旱地分布集中。灌木和乔木园地主要分布于南方，较有代表性的类型有西双版纳橡胶园、云南茶园、海南岛热作园、宿州砀山梨园等（图 2.6）。

表 2.6　全国各类农田生态系统类型面积构成（2015 年）

序号	生态系统二级类	生态系统三级类	面积/万 km²	面积比例/%
1	耕地	水田	40.42	22.54
		旱地	130.45	72.76
2	园地	乔木园地	4.84	2.70
		灌木园地	3.58	2.00

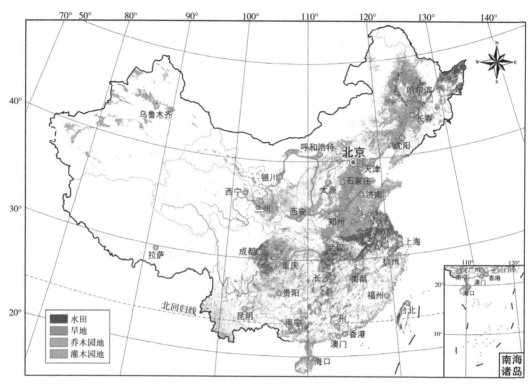

图 2.6 全国农田生态系统分布图（2015 年）

八、城镇生态系统

城镇生态系统主要镶嵌在农田、草地与荒漠等生态系统中，面积为 29.47 万 km^2。其中，建设用地面积为 24.99 万 km^2，占全国陆地面积的 2.60%，占城镇生态系统总面积的 84.80%。此外，城市绿地面积 0.51 万 km^2，占城镇生态系统总面积的 1.73%；工矿交通用地面积为 3.97 万 km^2，占城镇生态系统总面积的 13.47%（表 2.7）。

占主导地位的城镇生态系统主要分布于 11 个国家级城市群，包括长三角城市群、珠三角城市群、京津冀城市群、中原城市群、长江中游城市群、哈长城市群、成渝城市群、辽中南城市群、山东半岛城市群、海峡西岸城市群、关中城市群（图 2.7）。

需要说明的是，我国裸地、高山裸岩、冰川 / 永久积雪面积未计入到上述各类生态系统面积。台湾省、海南岛以外的近海岛屿等因数据缺失未统计其生态系统面积。

表 2.7 全国各类城镇生态系统类型面积构成（2015 年）

序号	生态系统二级类	生态系统三级类	面积/万km²	面积比例/%
1	建设用地	一	24.99	84.80
2	城市绿地	乔木绿地	0.34	1.15
		灌木绿地	0.03	0.10
		草本绿地	0.14	0.48
3	工矿交通	交通用地	3.09	10.49
		采矿场	0.88	2.99

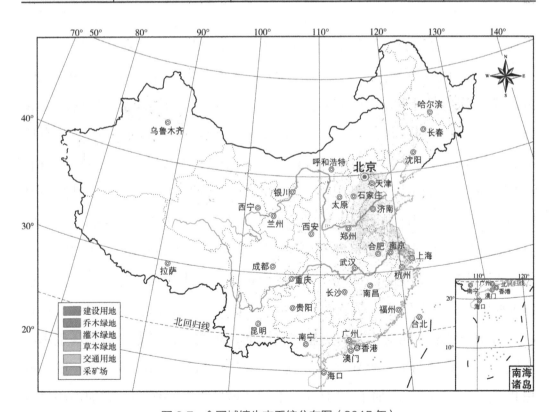

图 2.7 全国城镇生态系统分布图（2015 年）

九、生态系统变化

在 2000—2015 年间，我国生态系统变化表现出两个主要特征，第一，全国生态保护和修复工程取得了突出效果，森林生态系统面积总体增加，但沼泽湿地萎缩问题依然严峻；第二，城镇化进程持续推进，城镇生态系统是总面积变化幅度最大的类型。就各类生态系统而言，森林和灌丛生态系统总面积有所增加，从局部地区来看，由于退耕还林和灌丛生态系统演变，浙江、江苏和安徽等省份森林面积增加明显，江西、广东、云南等省份森林面积减少，灌丛面积总体下降。草地生态系统面积减少。草地生态系统包括草原、草甸、草丛与稀疏草地。草地生态系统总面积净减少 1.58 万 km^2，下降了 0.57%。草地生态系统面积减少主要出现在我国东北地区、新疆绿洲周边等地区。局部地区由于退耕还草和生态恢复，草地生态系统面积有所增加，主要分布在陕西北部、宁夏等省份。荒漠生态系统面积有所增加，总增幅 7.9%，主要表现为荒漠裸土面积增加，但沙漠面积有所下降。湿地生态系统不同类型中表现出截然相反的变化态势，其中沼泽共减少 1.04 万 km^2，缩减幅度 6.32%；湖泊、河流均有所增加，其中湖泊、水库增加 0.55 万 km^2，增幅 3.76%，空间上也极不平衡，江苏、浙江等省份湖泊面积减少，西藏、云南等省份湖泊受气温升高、冰川融化影响，面积增加明显。海洋生态系统中，红树林生态系统面积增加，但沿海滩涂由于围填海和水产养殖等原因有所萎缩（Murray, et al., 2019）。

人工生态系统方面，农田生态系统面积减少。由于城镇化、退耕还林还草等原因，全国农田生态系统面积净减少 6.01 万 km^2，减少了 3.35%，在长江三角洲、河南等地变化尤为明显，相反地，东北三江平原、新疆塔里木河流域农田扩张较明显。城镇生态系统面积扩张迅速。2000 年以来，城镇面积共增加 8 万 km^2，增加了 27.15%。不同的城镇生态系统中，增加面积最大的为建设用地,共增加 6.18 万 km² ；而增加幅度最大的是采矿场和草本绿地,增幅均超过 100%（表 2.8,图 2.8 ~ 2.14）。

表 2.8 全国各类生态系统类型面积变化（2000—2015 年）

生态系统一级类	生态系统二级类	生态系统三级类	面积/万 km²	面积比例/%
森林和灌丛	阔叶林	常绿阔叶林	0.1	0.25
		落叶阔叶林	0.76	1.37
	针叶林	常绿针叶林	−0.23	−0.3
		落叶针叶林	0.18	1.63
	针阔混交林	—	0.06	0.65
	稀疏林	—	−0.13	−31.75
	阔叶灌丛	常绿阔叶灌木林	−0.18	−1.05
		落叶阔叶灌木林	−0.07	−0.17
	针叶灌丛	常绿针叶灌木林	−0.01	−1.1
	稀疏灌丛	—	−0.35	−4.96
草地	草甸	—	−0.52	−1.25
	草原	—	−0.37	−0.31
	草丛	—	−0.01	−0.06
	稀疏草地	—	−0.68	−0.68
荒漠	沙漠	—	−2.5	−5.22
	荒漠裸岩	—	−11.95	−33.2
	荒漠裸土	—	26.57	81.39
	荒漠盐碱地	—	−1.33	−14.96

生态系统一级类	生态系统二级类	生态系统三级类	面积/万 km²	面积比例/%
湿地	沼泽	森林沼泽	−0.04	−26.85
		灌丛沼泽	−0.04	−5.83
		草本沼泽	−0.96	−6.47
	湖泊	天然湖泊	0.19	2.22
		水库/坑塘	0.36	6.43
	河流	天然河流	−0.06	−1.02
		运河/水渠	0.02	8.71
农田	耕地	水田	−1.25	−3.01
		旱地	−5.19	−3.83
	园地	乔木园地	0.17	3.71
		灌木园地	0.26	7.71
城镇	建设用地	—	6.18	32.86
	城市绿地	乔木绿地	0.14	73.07
		灌木绿地	0.01	51.21
		草本绿地	0.07	108.3
	工矿交通	交通用地	1.13	57.91
		采矿场	0.47	114.96

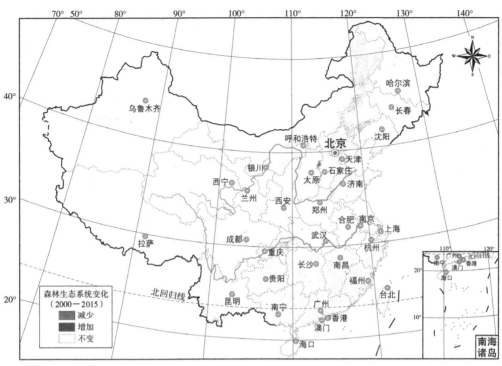

图 2.8 全国森林生态系统类型变化区空间分布（2000—2015 年）

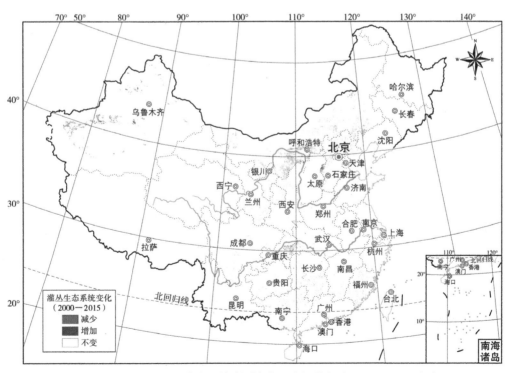

图 2.9 全国灌丛生态系统类型变化区空间分布（2000—2015 年）

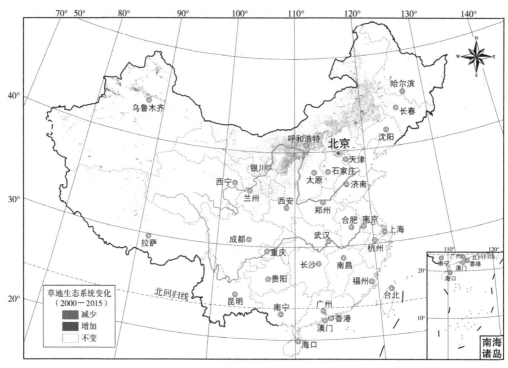

图 2.10 全国草地生态系统类型变化区空间分布（2000—2015 年）

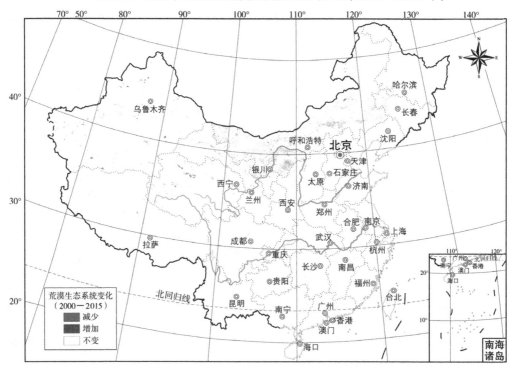

图 2.11 全国荒漠生态系统类型变化区空间分布（2000—2015 年）

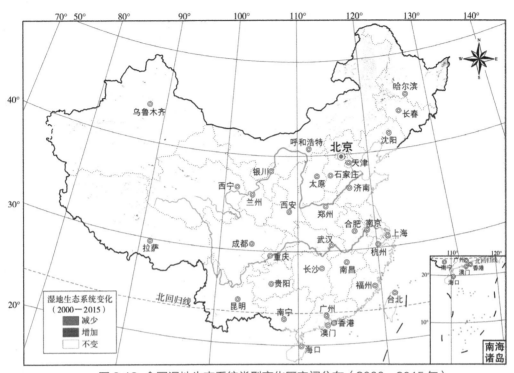

图 2.12 全国湿地生态系统类型变化区空间分布（2000—2015 年）

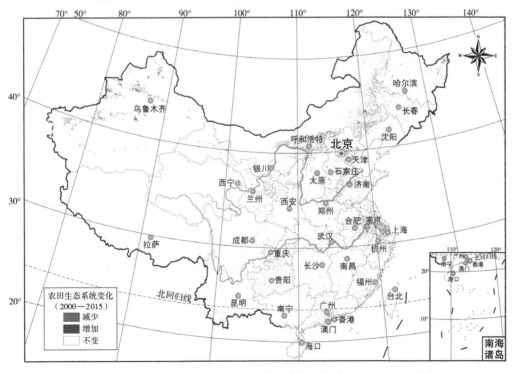

图 2.13 全国农田生态系统类型变化区空间分布（2000—2015 年）

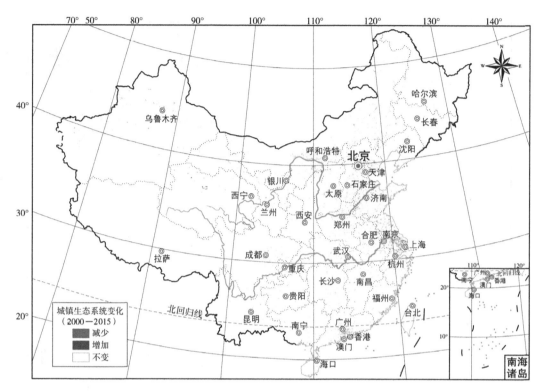

图 2.14　全国城镇生态系统类型变化区空间分布（2000—2015 年）
（数据来自中国生态系统评估与生态安全格局数据库，2016）

第三章

主要生态问题

我国国土辽阔、地形复杂、气候多样，为多种生物以及生态系统的形成与发展提供了生境。我国拥有森林、草地、湿地、荒漠、海洋、农田和城市等各类生态系统类型，也是世界上生态环境比较脆弱的国家之一。由于气候、地貌等地理条件因素，形成了西北干旱荒漠区、青藏高原高寒区、黄土高原区、西南岩溶区、西南山地区、西南干热河谷区、北方农牧交错区等不同类型的生态脆弱区。脆弱的生态环境条件、长期的开发历史和巨大的人口压力使我国的生态系统破坏和退化十分严重，水土流失、土地沙化、石漠化、盐渍化等生态问题不断加剧，对国家经济社会的可持续发展乃至人民生命财产安全构成严重威胁。

一、土壤侵蚀

土壤侵蚀是土壤或其他地面组成物质在水力、风力、冻融、重力等外营力作用下，被剥蚀、破坏、分离、搬运和沉积的过程。中国是世界上的人口大国、农业大国，也是土壤侵蚀最严重的国家之一，土壤侵蚀面积大、分布范围广，侵蚀强度大，侵蚀严重区比例高，侵蚀成因复杂，区域差异明显（鄂竟平，2008）。"中国水土流失与生态安全综合科学考察"即第三次全国水土流失调查结果显示，全国水土流失总面积为 484.74 万 km^2，约占国土总面积的 50.49%，主要包括水蚀、风蚀和冻融侵蚀。全国年土壤侵蚀总量约 88.74 亿 t，相当于全球土壤侵蚀总量（750 亿 t）（Pimentel，et al.，1995）的 11.83%（李智广，等，2008）。主要流域年均土壤侵蚀量约为 3 400 t/km^2，黄土高原部分地区超过 3 万 t/km^2。全国侵蚀量大于每年 5 000 t/km^2 的面积达 112 万 km^2。我国现有严重水土流失县 646 个，其中水土流失严重县较多的省份四川省 97 个，山西省 84 个，陕西省 63 个，内蒙古自治区 52 个，甘肃省 50 个（孙鸿烈，2011）。水土流失每年给我国造成的经济损失约相当于GDP 总量的 3.5%，严重制约了我国经济社会的发展；水土流失导致的土地退化、泥沙淤积等更是严重威胁着国家生态安全、粮食安全和防洪安全。

（一）水蚀

由于水的冲击，使岩石剥落，土壤被冲刷掉，这种现象叫做水蚀。水蚀是我国分布最广、危害最严重的水土流失类型（李智广，2009）。根据区域环境条件和侵蚀特征的差异，我国水蚀区可分为东北黑土区、北方土石山区、西北黄土高原区、南方红壤丘陵区和西南土石山区共 5 个土壤侵蚀类型区。

全国水力侵蚀分布广、面积大。全国水蚀总面积 153.96 万 km²，约占国土面积的 16.04%。其中，侵蚀强度以轻度侵蚀为主，面积达 96.78 万 km²，约占流失总面积的 62.86%；中度、强烈、极强烈和剧烈侵蚀面积分别为 26.40 万 km²、10.59 万 km²、9.03 万 km² 和 11.16 万 km²，分别占流失总面积的 17.15%、6.88%、5.87% 和 7.25%。

从空间格局来看，我国水蚀空间异质性明显，侵蚀分布高度集中。剧烈侵蚀主要发生在黄土高原和四川、云南局部地区；东部地区侵蚀强度相对较小，但东北黑土区侵蚀强度较大；西北地区则仅在局部降水丰富的区域存在低强度侵蚀。具体来说，水蚀严重区域主要集中于黄土高原、汉水谷地、三峡库区、嘉陵江流域、金沙江干热河谷、横断山南段、藏东南、澜沧江中下游流域、元江河谷、北盘江流域等。

全国十大江河流域水蚀面积最大的是长江流域，约 41.88 万 km²，占全国水蚀总面积的 27.20%；其次是黄河流域和西南诸河流域，分别占侵蚀总面积的 17.20% 和 16.20%。从侵蚀面积占本流域土地面积的比例来看，黄河流域最大，侵蚀面积比高达 33.40%；其次是西南诸河流域，侵蚀面积比为 29.30%；另外，海河流域、辽河流域和长江流域的侵蚀比例都超过了 20%。

从不同强度级侵蚀的构成来看，剧烈侵蚀面积较大的流域包括长江流域、黄河流域和西南诸河流域。其中，长江流域的剧烈侵蚀面积多达 4.27 万 km²，约占本流域侵蚀面积的 10.20%；黄河流域剧烈侵蚀面积的比例则高达 12.20%。强烈及以上侵蚀面积占本流域侵蚀面积最大的是黄河流域，比例高达 37.70%；其次是长江流域和珠江流域，比例分别为 24.10% 和 20.90%。

全国各省（区、市）中，西藏自治区的水蚀面积最大，约 20.61 万 km²，占全国水蚀总面积的 13.39%；其次是四川，侵蚀面积约 15.84 万 km²，占侵蚀总面积的 10.29%。从侵蚀面积占本省（区、市）土地面积的比例来看，山西省最高，其侵蚀面积比高达 45.80%；陕西、重庆、宁夏、云南、四川和贵州的侵蚀比例也都超过了 30.00%。从不同程度侵蚀的构成来看，剧烈侵蚀面积较大的省份包括四川、甘肃、云南和陕西等。其中，四川省剧烈侵蚀面积多达 2.02 万 km²，约占本省侵蚀面积的 12.75%；重庆、甘肃和浙江剧烈侵蚀面积的比例也分别高达 17.70%、16.80% 和 12.90%。按强烈及以上侵蚀面积占本省（区、市）侵蚀面积的比例统计，侵蚀最严重的是甘肃，其强烈及以上侵蚀面积比例高达 44.50%；其次是重庆、宁夏和山西，比例分别为 39.80%、36.60% 和 36.20%；陕西、四川、云南和广东等省的比例也都超过了 25.00%。

各土壤侵蚀类型区水蚀面积最大的是西南土石山区，约 39.22 万 km²，占全国侵蚀总面积的 25.47%；其次是西北黄土高原区，约占侵蚀总面积的 15.90%。侵蚀面积占本区土地面积的比例最大的是西北黄土高原区，侵蚀面积比高达 41.40%；其次是西南土石山区，约为 33.00%。从不同强度级侵蚀的构成来看，剧烈侵蚀面积较大的区域主要是西南土石山区，其剧烈侵蚀面积多达 4.85 万 km²，约占该区侵蚀面积的 12.40%；其次是西北黄土高原区，约占其侵蚀面积的 13.40%。强烈及以上侵蚀面积占本区侵蚀面积的比例最大的是西北黄土高原区，其强烈及以上侵蚀面积比例高达 41.70%；其次是西南土石山区，约为 27.80%（图 3.1）。

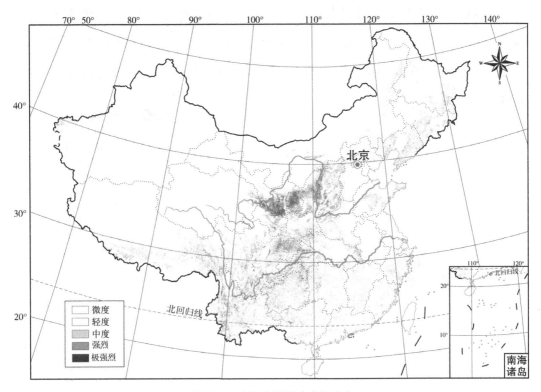

图 3.1 全国水蚀强度空间分布

（二）风蚀

在气候较干旱、植被稀疏的条件下，当风力大于土壤的抗蚀能力时，土粒就会悬浮在气流中而流失。这种由风力作用引起的土壤侵蚀现象就是风力侵蚀，简称风蚀。在干旱、半干旱区，土壤风蚀严重威胁着人类生存与社会的可持续发展。

据测算，2015 年我国风蚀发生面积为 194.20 万 km^2。其中剧烈风蚀面积为 44.30 万 km^2；强烈和极强烈风蚀区面积为 28.50 万 km^2；中度风蚀发生面积仅为 25.90 万 km^2，占国土面积的 2.70%；轻度风蚀发生面积为 95.50 万 km^2，占国土面积的 9.95%。

从空间格局上看，我国风蚀发生范围在黄河以北区域以及西北中部和东部、青藏高原等区域，且剧烈区域主要分布在沙漠、荒漠及戈壁广布的区域。具体地讲，我国的风蚀主要分布区域为：新疆塔里木盆地和哈顺戈壁、甘肃北部和内蒙古西部区域、青海柴达木盆地、温带草原区（位于内蒙古高原中部、浑善达克沙地和科尔沁沙地周边）、藏北高寒草原草甸区（图 3.2）。

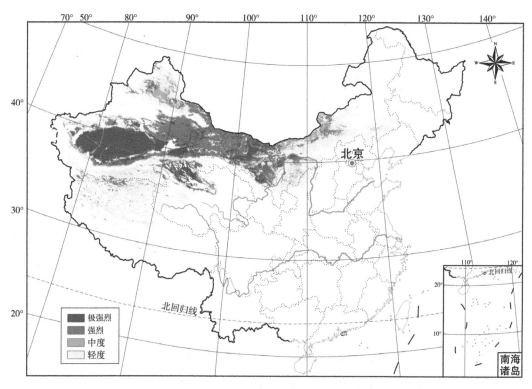

图 3.2　全国风蚀强度空间分布

全国各省（区、市）风蚀面积以新疆、内蒙古最大，分别为 85.70 万 km² 和 41.40 万 km²，其次是西藏、青海和甘肃，风蚀面积分别为 36.70 万 km²、12.20 万 km² 和 7.50 万 km²。从侵蚀面积占本省（区、市）土地面积的比例来看，新疆高达 51.47%，其次是内蒙古 35.00%，西藏和宁夏分别为本区面积的29.88% 和 25.70%。从风蚀强度的分布上看，我国强烈及以上风蚀主要分布在新疆、内蒙古、甘肃、青海和西藏这 5 个省（区），其中新疆强烈及以上风蚀面积为 52.00 万 km²，内蒙古强烈及以上风蚀面积为 11.70 万 km²，是我国强烈及以上风蚀分布面积最广的两个自治区。

（三）冻融侵蚀

冻融侵蚀是指土壤及其母质空隙中或岩石裂缝中的水分冻结时，体积膨胀，裂隙随之加大、增多，整块土体或岩石发生碎裂，消融后其抗蚀稳定性大为降低，在重力作用下岩土顺坡向下方产生位移的现象（王礼先，等，2003）。冻融侵蚀是我国三大主要土壤侵蚀类型之一，在我国高寒地区广泛分布，是仅次于水蚀、风蚀且在全国分布较广的土壤侵蚀类型。

2010—2012 年开展的全国冻融侵蚀普查结果显示：我国冻融侵蚀区总面积为 172.48 万 km²，占我国国土面积的 17.97%（刘淑珍，等，2013）。我国冻融侵蚀以轻度、中度侵蚀为主，极强烈侵蚀和剧烈侵蚀面积非常小且分布集中。轻度及以上冻融侵蚀面积为 66.10 万 km²，占国土面积的 6.89%。其中轻度侵蚀面积 341 845.66 km²、中度侵蚀面积 188 324.10 km²、强烈侵蚀面积 124 216.93 km²、极强烈侵蚀面积 6 462.72 km²、剧烈侵蚀面积 106.23 km²，分别占冻融侵蚀面积的 51.72%、28.49%、18.79%、0.98% 和 0.02%。

从空间格局上看，我国冻融侵蚀主要分布在青藏高原、天山山脉、阿尔泰山和大兴安岭地区，其中，青藏高原是我国冻融侵蚀分布的主体部分，总面积约 148.95 万 km²，占我国冻融侵蚀区总面积的 86.36%；大兴安岭地区是我国第二大冻融侵蚀分布区，冻融侵蚀面积约 14. 38 万 km²，占我国冻融侵蚀区总面积的 8.34%；天山山脉横亘于我国新疆维吾尔自治区中部，其冻融侵蚀区面积为 7.40 万 km²，占我国冻融侵蚀区总面积的 4.29%；阿尔泰山山脉是我国第四大冻融侵蚀分布区，其冻融侵蚀区面积为 1.75 万 km²，占我国冻融侵蚀区总面积的 1.01%。强烈侵蚀、极强烈侵蚀和剧烈侵蚀主要分布在青藏高原南部、东南部和天山山脉的南坡，其中以冈底斯山脉东段和念青唐古拉山南部冻融侵蚀强度最高，其强度基本都在中度以上。羌塘高原、唐古拉山山脉西段、巴颜喀拉山脉、阿尼玛卿山、喀喇昆仑山脉东段、昆仑山、阿尔金山、天山山脉东段、阿尔泰山、大兴安岭地区以微度、轻度侵蚀为主。横断山区冻融侵蚀比较严重，几乎全都为中度侵蚀和强烈侵蚀。

在冻融侵蚀分布的 8 个省（区）中，冻融侵蚀面积由大到小依次为西藏、青海、新疆、四川、甘肃、内蒙古、黑龙江、云南。西藏是我国冻融侵蚀最严重的地区，冻融侵蚀面积达 323 229.65 km^2，占我国冻融侵蚀面积的 48.9%；其次是青海，冻融侵蚀面积达 155 768.07 km^2，占 23.57%。

二、土地沙化

沙化一般是指在极端干旱、干旱与半干旱和部分半湿润地区各种气候条件下，由于多种原因形成地表呈现以沙（砾）物质为主要特征的土地退化过程。我国沙化土地面积大，以极重度及重度沙化等级为主。2015 年，全国沙化土地面积为 193.44 万 km^2，占全国国土总面积的 20.15%。其中，沙漠/戈壁面积占沙化土地面积的 43.86%，极重度沙化面积占沙化土地面积的 9.58%，重度沙化面积占沙化土地面积的 32.05%，中度沙化面积占沙化土地面积的 7.47%。

从空间格局上看，全国沙化主要分布在我国的西部地区，西北地区，华北、东北的局部地区，其中沙漠/戈壁主要分布在塔里木盆地、准噶尔盆地、柴达木盆地、内蒙古高原等沙漠集中分布的地区。而土地沙化最严重的地区主要分布在羌塘高原和内蒙古西部（图 3.3）。

沙化分布区主要涵盖的省（区）包括新疆、内蒙古、甘肃、西藏、青海、宁夏、陕西、吉林、河北、黑龙江、山西、辽宁、四川。其中沙化最为严重的是新疆、内蒙古、西藏，这 3 个自治区的沙化面积占总沙化面积的 84.83%。新疆的沙化面积最大，为 89.91 万 km^2，占全国沙化总面积的

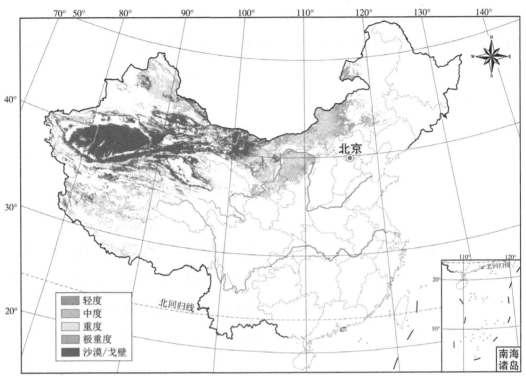

图 3.3　全国沙化空间分布

46.48%；其次是内蒙古和西藏，沙化面积分别为 52.35 万 km²、21.83 万 km²，分别占全国总沙化面积的 27.06% 和 11.29%。

从沙化等级来看，沙化严重的地方主要出现在新疆、内蒙古、甘肃、西藏以及青海。新疆的沙漠／戈壁的面积为 59.27 万 km²，占新疆总的沙化面积的 65.92%；极重度沙化面积为 5.66 万 km²，占新疆总的沙化面积的 6.30%；重度沙化面积为 18.20 万 km²，占新疆总的沙化面积的 20.24%；而中度和轻度的沙化面积为 1.40 万 km²，占新疆总的沙化面积的 1.57%。内蒙古沙漠／戈壁的面积为 17.19 万 km²，占内蒙古总沙化面积的 32.83%；重度和中度的沙化分布也较广，面积分别为 16.54 万 km²、8.51 万 km²，分别占内蒙古总的沙化面积的 31.60%、16.26%。西藏的极重度沙化和重度沙化分布较广，面积分别为 7.07 万 km²、14.14 万 km²，分别占西藏总的沙化面积的 32.39%、64.77%。甘肃省的沙漠／戈壁分布较广，面积为 7.76 万 km²，占甘肃总的沙化面积的 46.60%；极重度、重度沙化面积分别为 1.61 万 km²、4.64 万 km²，分别占甘肃总的沙化面积的 9.70%、27.90%。青海的沙漠 / 戈壁和重度沙化面积较大，分别为 4.04 万 km²、7.47 万 km²，分别占青海总的沙化面积的 29.10% 和 53.80%。

三、石漠化

广义石漠化是指在自然外营力作用下地表出现岩石裸露的荒漠景观的土地，包括岩溶石漠化、花岗岩石漠化、紫色土石漠化等石质荒漠化土地（朱震达，崔书红，1996）。狭义石漠化是指岩溶喀斯特区域荒漠化过程。通常所称的石漠化是指狭义石漠化，特指西南湿润地区碳酸盐岩石（石灰岩、白云岩等）形成的喀斯特地貌上，由于受人为活动干扰，地表植被被破坏，造成土壤严重侵蚀，基岩大面积裸露，土地生产力严重下降，地表出现类似荒漠景观的土地退化过程（王世杰，2002；肖荣波，等，2005；童立强，等，2013）。在我国，石漠化是西南地区一种主要的土地退化形式，主要表现为不合理的土地开发造成的土壤流失、土地生产力下降甚至丧失。

我国石漠化主要分布在贵州、云南、广西、四川、湖南、广东、重庆及湖北 8 省（区、市）的喀斯特地区。据测算，2015 年 8 省（区、市）石漠化总面积为 9.57 万 km²，占 8 省（区、市）总面积的 4.90%。石漠化程度以中、轻度为主，中度石漠化面积 3.99 万 km²，占总的石漠化面积的 41.70%；轻度石漠化面积 5.09 万 km²，占总的石漠化面积的 53.20%。重度石漠化的面积仅为 0.49 万 km²，占总的石漠化面积的 5.10%，主要分布在贵州、云南、广西等省（区）。

从空间格局来看，石漠化较严重的区域主要分布在云南和贵州，以及云南与广西交界的地区。其中，重度石漠化主要发生在云南东南部与广西交界处和云南东北部与贵州交界处，其他地区相对较少。西南 8 省（区、市）石漠化面积以贵州最大，约 2.68 万 km²，占石漠化总面积的 28.00%；其次是云南，石漠化面积约 2.50 万 km²，占石漠化总面积的 26.12%；再次是广西，石漠化面积约 1.85 万 km²，占石漠化总面积的 19.33%。

　　从不同强度的石漠化等级构成来看，重度石漠化面积较大的省（区）包括云南、贵州和广西等。其中，云南重度石漠化面积多达 0.19 万 km²，约占石漠化总面积的 1.99%；广西和贵州重度石漠化的比例也相对较高，分别占石漠化总面积的 1.03% 和 0.74%（图 3.4）。

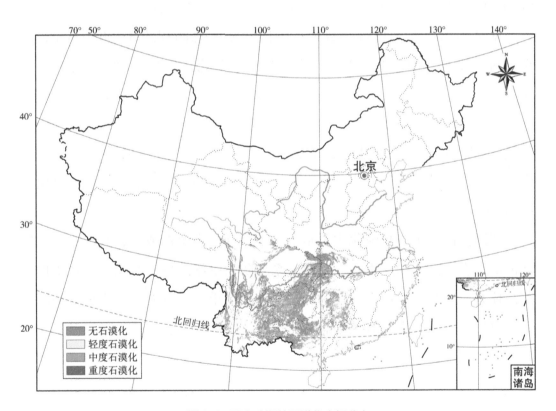

图 3.4　西南喀斯特石漠化空间分布

四、盐渍化

土地盐渍化是干旱和半干旱地区普遍存在的问题，是由自然或人类活动引起的一种主要的生态环境问题。在干旱地区的灌溉农业，由于落后的水资源管理引起的土壤盐渍化会对作物产量以及区域农业生产造成巨大的影响。随着人口的激增将会有更多的荒地被开垦为耕地，农田灌溉带来的盐渍化问题也将更加突出。盐渍土在我国分布广泛，从热带到寒温带、滨海到内陆、湿润地区到极端干旱的荒漠地区，均有大量盐渍土的分布（杨劲松，2008）。

据全国第二次土壤普查数据，中国盐渍土总面积约 3 600 万 hm^2，占全国可利用土地面积的 4.88%。主要分布在西北、华北、东北和沿海地区，主要是西部干旱半干旱地区、华北平原、黄淮海平原等区域，耕地中也有大量盐渍化土壤分布。耕地中盐渍化面积达到 920.9 万 hm^2，占全国耕地面积的 6.62%（王佳丽，等，2011）。其中，陕西、甘肃、宁夏、青海、内蒙古、新疆等西部 6 省（区）盐渍土面积占全国盐渍土总面积的 69.03%。

我国西部的土壤盐渍化主要是由于不合理的灌溉造成的，其中，西北地区的灌溉农业区最为严重。在采取一系列防治措施之后，我国盐渍化土地面积总体有所减少，但局部地区的问题仍然很严重，大水漫灌等不科学的灌溉手段仍然在不断产生新的次生盐渍化土地。

五、生态问题变化

（一）土壤侵蚀变化

1. 水蚀变化

据测算，2000—2015 年全国水蚀面积减少。水蚀面积从 2000 年的 183.86 万 km^2 下降到 2015 年的 154.48 万 km^2，共减少 29.38 万 km^2，减幅达 16.00%。全国水蚀强度降低。轻度及以上各级侵蚀面积均有较大幅度降低。极重度侵蚀面积减少幅度最大，减少了 28.80%，重度、中度和轻度侵蚀面积分别减少了 25.60%、20.50% 和 10.40%。

从空间格局来看，我国水蚀的空间分布变化不大，仅局部地区变化较为明显。黄土高原地区的土壤侵蚀强度呈现大面积降低，秦巴山区、三峡库区、大娄山、苗岭以及仙霞岭的侵蚀强度均有一定程度下降（图 3.5）。

全国 10 大流域中，长江流域减少得最多，共减少 3.29 万 km^2；其次是黄河流域，共减少 3.23 万 km^2。重度及以上侵蚀面积仅在西南诸河流域有所增加（0.08 万 km^2），西北诸河流域变化不明显，其他流域均有所减少，以黄河流域减少得最多，共减少 3.62 万 km^2；其次是长江流域，共减少 1.42 万 km^2。

分省（区、市）来看，2000—2010 年，仅西藏的土壤侵蚀面积有所增加，上海、江苏和天津变化不明显，其余省（区、市）均呈不同程度的减少。以陕西和青海减少得最多，分别为 1.38 万 km^2 和 1.33 万 km^2；其次是山西、贵州和河北，分别减少 0.99 万 km^2、0.87 万 km^2 和 0.84 万 km^2。重度及以上侵蚀面积仅在西藏表现为增加，在上海、江苏、天津、北京和新疆变化不明显，在其余省（区、市）均呈不同程度减少，且以陕西减少得最多，共减少 1.67 万 km^2；其次是甘肃和山西，分别减少 0.85 万 km^2 和 0.83 万 km^2。

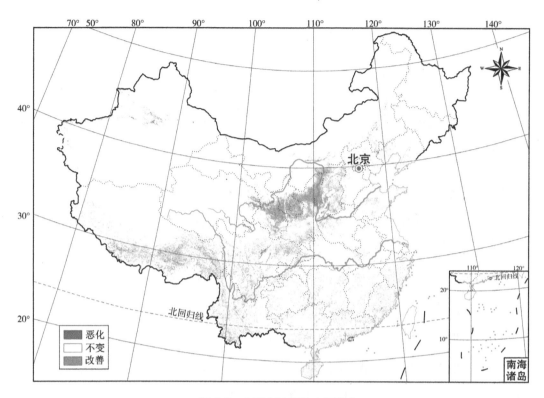

图 3.5　全国水蚀变化空间分布

2. 风蚀变化

全国风蚀面积缩小，风蚀强度降低，风力侵蚀整体改善。全国风力侵蚀发生面积从 2000 年的 206.50 万 km² 到 2015 年的 194.20 万 km²，总面积降低了 6.00%。各级风蚀强度面积也有不同程度的降低，其中中度风蚀降低了 4.80 万 km²，是降低面积最多的强度等级；其次是强烈风蚀、极强烈风蚀和剧烈风蚀，分别减少了 2.61 万 km²、2.55 万 km² 和 2.04 万 km²；剧烈、极强烈、强烈和中度风蚀面积的减少幅度分别为 4.40%、13.80%、17.10% 和 15.60%。

就全国各省（区、市）来看，除西藏外，全国有风蚀发生的省（区、市）在 10 年间的风蚀发生总面积均有所降低，风蚀程度都有所下降，其中以新疆、内蒙古、青海、陕西风蚀面积的降低最多。西藏风蚀面积的增加主要为轻度风蚀面积增加造成，其高强度风蚀面积为下降趋势。

　　风蚀变化具有强烈的空间异质性。风蚀出现显著降低的区域有新疆准噶尔盆地、塔里木盆地西缘、鄂尔多斯高原、阴山北麓、白云鄂博矿区至二连浩特一线，这些区域的风蚀大多从剧烈、极强烈转为强烈或中度，面积较大，斑块连续成片。东北和内蒙古接壤的科尔沁沙地和东北平原、藏北高原北部地区、柴达木盆地外延风蚀轻度降低。然而，中国西北部的哈顺戈壁、柴达木盆地腹地、贺兰山以西风蚀明显增强。西藏西南部风蚀也出现了小幅度的增加，主要表现为风蚀由轻度向中度以上发展，风蚀面积有所扩展（图 3.6）。

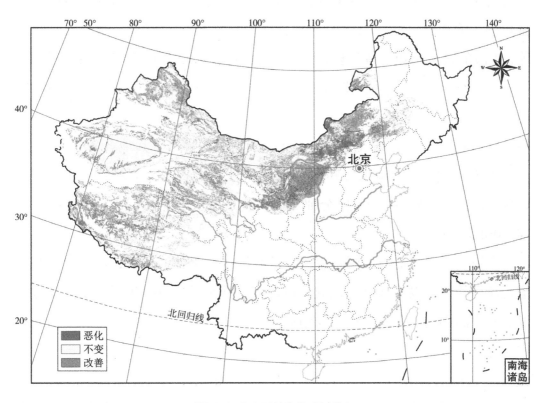

图 3.6　全国风蚀变化空间分布

（二）土地沙化变化

全国土地沙化总面积有所降低，从 2000 年的 193.96 万 km²，降低为 2015 年的 193.44 万 km²。从不同沙化等级来看，极重度沙化面积减少了 20.60 万 km²，减少幅度达到 52.66%；重度沙化面积减少了 9.74 万 km²，减少幅度达到 10.29%。

从沙化变化的空间特征来看，沙化改善的区域主要分布在内蒙古的新巴尔虎右旗、东乌珠穆沁旗、西乌珠穆沁旗、锡林浩特市、阿巴嘎旗、苏尼特右旗、清水河县、准格尔旗、鄂托克旗、阿拉善右旗等，新疆的青河县、富蕴县、北屯市、托里县、克拉玛依区、柯坪县、叶城县，西藏的改则县等，青海的德令哈市、乌兰县等，宁夏的盐池县、灵武市等，陕西的府谷县、神木县、保德县、佳县、米脂县、子洲县、子长县、绥德县等，这些地区均有较好程度的改善。

从沙化分布的各省（区、市）来看，除了西藏外，其他各省（区、市）沙化均有不同程度的减少，其中减少面积较大的省（区）为新疆、内蒙古、青海和甘肃，减少的面积分别为 40 596 km²、21 506m²、24 533km²、14 506km²。

在塔克拉玛干沙漠、腾格里沙漠等我国主要土地沙化区，沙化面积基本呈现减少趋势，以毛乌素沙地减少得最多，其次是塔克拉玛干沙漠。重度及以上沙化面积也大部分呈现减少趋势。

（三）石漠化变化

2000—2015 年间，大部分石漠化区域得到明显改善，尤其是云南与贵州交界，以及云南的西南部等区域石漠化改善明显，局部区域有恶化的趋势。总体来说，重度、中度和轻度石漠化面积呈减小趋势。西南 8 省（区、市）石漠化面积和重度石漠化面积均减小（图 3.7）。

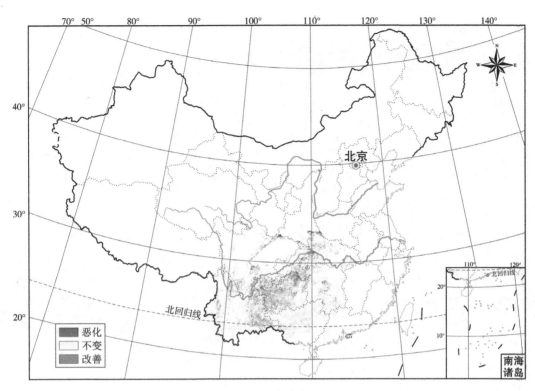

图 3.7　西南喀斯特石漠化变化空间分布

　　2010—2015 年，全国主要生态问题进一步得到遏制。全国土壤侵蚀问题持续改善，土壤侵蚀面积显著减少，共减少 8.1%，且土壤侵蚀强度降低。全国土地沙化问题总体得到改善，沙化总面积共减少了 0.4%。石漠化问题持续改善，石漠化总面积显著减少，共减少 14.33%。

第四章

生态系统质量与服务

一、生态系统质量及变化

生态系统质量是指森林、灌丛、草地、湿地等典型生态系统的优劣程度，它在特定的时间和空间范围内，从生态系统层次上反映生态系统的基本特征与健康状况（肖洋，等，2016；欧阳志云，等，2017）。生态系统质量评价是以遥感参数为基础，综合运用地面数据，通过使用统一的评价指标开展生态系统质量遥感调查与评价，掌握我国生态系统质量基本情况及其时空动态变化特征，明确我国生态系统质量变化程度、趋势及其空间差异，有利于为评估生态管理成效和优化生态管理提供支持（黄斌斌，等，2019；Huang，et al.，2020；Ding，et al.，2021）。

（一）生态系统质量空间特征（2015）

1. 森林

全国森林质量整体状况较差，低级森林面积为 35.42 万 km²，差级森林面积为 39.47 万 km²，两者之和占森林总面积的 39.01%（表 4.1）。森林生态系统质量较高的区域主要分布在大兴安岭、小兴安岭、秦巴山地、横断山区、藏南地区、南岭、武夷山区、海南中南部山区等地区。森林生态系统质量较差的区域主要分布在华北、新疆中部等地区（图 4.1）。

表 4.1　全国森林生态系统质量等级（2015 年）

质量等级	面积/万 km²	面积比例/%
优	17.31	9.02
良	36.34	18.93

质量等级	面积/万 km²	面积比例/%
中	63.43	33.04
低	35.42	18.45
差	39.47	20.56

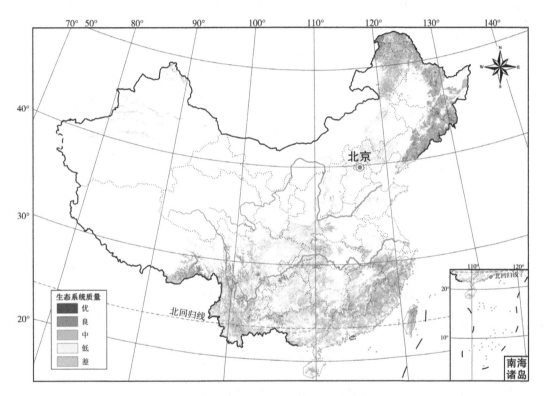

图 4.1 全国森林质量空间特征（2015 年）

　　从省域来看，优、良等级森林面积较大的省（区）有黑龙江、吉林、内蒙古、云南、西藏、四川。西北地区的青海与新疆，森林面积较少，但优、良等级森林面积比例高。山东、山西、北京、天津、河北、上海等省（市）的森林质量普遍较低（表 4.2）。

表 4.2　各省（区、市）森林质量状况（2015 年）

名称	优		良		中		低		差	
	面积/km²	比例/%	面积/km²	比例/%	面积/km²	比例/%	面积/km²	比例/%	面积/km²	比例/%
北京	85.6	1.8	498.9	10.7	1 329.0	28.5	1 748.4	37.5	1 000.0	21.5
天津	0.0	0.0	0.9	0.3	15.7	5.6	127.0	45.6	134.8	48.4
河北	138.6	0.4	821.9	2.3	4 899.5	13.6	15 329.0	42.6	14 821.0	41.2
山西	605.1	2.6	1 915.4	8.3	5 522.5	24.0	7 450.1	32.4	7 505.1	32.6
内蒙古	17 346.4	10.9	34 459.9	21.6	52 281.9	32.8	19 910.9	12.5	35 238.6	22.1
辽宁	12 189.4	22.0	12 984.0	23.4	5 657.3	10.2	6 468.7	11.7	18 160.3	32.7
吉林	14 751.8	17.8	29 853.9	36.0	22 552.7	27.2	3 337.2	4.0	12 381.3	14.9
黑龙江	30 661.4	15.5	56 533.9	28.5	68 635.3	34.6	18 615.4	9.4	23 914.1	12.1
上海	0.0	0.0	0.1	0.2	0.9	2.4	4.1	10.7	33.4	86.7
江苏	3.3	0.1	28.5	0.6	215.8	4.6	1 183.3	25.4	3 219.3	69.2
浙江	5 874.6	9.6	14 211.2	23.2	21 157.6	34.5	9 697.0	15.8	10 418.6	17.0
安徽	753.0	2.0	6 655.4	18.0	13 913.2	37.5	7 474.5	20.2	8 278.9	22.3
福建	9 439.0	11.4	20 634.6	24.8	33 281.3	40.1	13 068.7	15.7	6 673.2	8.0
江西	4 172.1	4.2	18 642.8	19.0	40 315.3	41.0	19 415.6	19.8	15 714.8	16.0
山东	17.6	0.1	87.3	0.5	432.6	2.4	2 507.6	13.7	15 322.2	83.4
河南	190.6	0.9	2 926.7	14.5	8 686.3	42.9	5 427.6	26.8	3 001.3	14.8
湖北	1 202.1	1.9	11 393.0	18.4	27 458.2	44.3	9 175.2	14.8	12 805.9	20.6
湖南	1 256.6	1.4	10 998.3	12.4	37 532.1	42.3	23 408.7	26.4	15 556.6	17.5
广东	3 863.9	3.7	12 511.9	11.9	40 256.3	38.2	29 092.2	27.6	19 656.7	18.7

续表

名称	优		良		中		低		差	
	面积/km²	比例/%	面积/km²	比例/%	面积/km²	比例/%	面积/km²	比例/%	面积/km²	比例/%
广西	4 387.6	3.5	20 170.1	16.2	53 279.9	42.7	26 587.6	21.3	20 207.4	16.2
海南	430.3	4.7	1 906.3	20.7	4 599.5	49.8	1 460.7	15.8	830.4	9.0
重庆	762.1	2.2	4 569.1	13.4	12 843.8	37.6	6 056.3	17.7	9 906.6	29.0
四川	12 311.1	8.6	22 005.8	15.4	42 813.1	29.9	32 557.1	22.8	33 292.4	23.3
贵州	1 757.7	2.7	10 168.6	15.7	25 441.1	39.3	9 271.7	14.3	18 149.9	28.0
云南	27 134.2	14.8	42 550.3	23.1	51 892.8	28.2	30 470.4	16.6	31 787.0	17.3
西藏	13 023.9	15.4	14 391.1	17.0	22 632.5	26.7	17 875.4	21.1	16 805.6	19.8
陕西	336.4	0.7	3 984.4	7.8	15 346.3	29.9	16 825.5	32.8	14 787.6	28.8
甘肃	591.4	2.9	523.1	2.6	4 746.5	23.6	7 475.8	37.1	6 801.2	33.8
青海	382.0	14.6	138.4	5.3	131.9	5.0	398.8	15.3	1 563.3	59.8
宁夏	0.0	0.0	0.0	0.0	11.1	1.9	180.1	31.6	378.3	66.4
新疆	3 730.2	13.6	2 963.3	10.8	3 615.7	13.1	5 742.9	20.9	11 466.8	41.7

2. 灌丛

全国灌丛质量整体较差。其中，低级灌丛面积为 11.13 万 km²，差级灌丛面积为 27.32 万 km²，两者之和占灌丛总面积的 56.89%（表4.3）。灌丛生态系统质量较高的地区主要在青藏高原的东部与东南部、西北地区及云贵高原等高海拔区域；灌丛生态系统质量较低的地区主要在黄土高原和华北地区（图4.2）。

表 4.3　全国灌丛生态系统质量等级（2015 年）

质量等级	面积/万 km²	面积比例/%
优	8.98	13.29
良	6.70	9.91
中	13.46	19.91
低	11.13	16.47
差	27.32	40.42

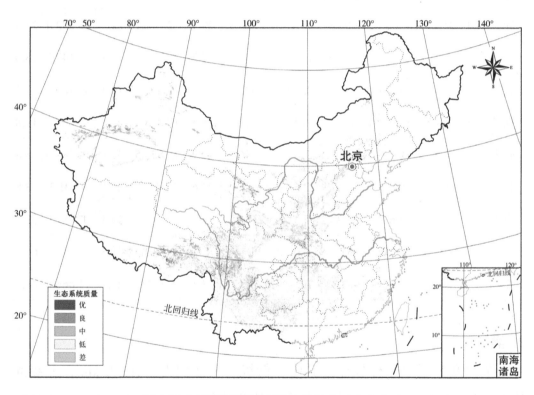

图 4.2　全国灌丛质量空间分布特征（2015 年）

从省域来看，优、良等级灌丛面积较大的省（区）有西藏、四川、云南、新疆和青海。东北地区的黑龙江灌丛面积较少，但优级灌丛面积比例高。天津、河北、内蒙古和山东等省（区）的灌丛质量普遍较低（表 4.4）。

表 4.4　各省（区、市）灌丛质量状况（2015 年）

名称	优		良		中		低		差	
	面积/km²	比例/%	面积/km²	比例/%	面积/km²	比例/%	面积/km²	比例/%	面积/km²	比例/%
北京	5.3	0.2	49.4	1.4	302.2	8.8	1 454.4	42.4	1 618.3	47.2
天津	0.0	0.0	0.0	0.0	0.4	0.4	18.9	20.1	74.5	79.5
河北	25.9	0.1	178.5	0.7	1 288.1	5.3	6 872.6	28.5	15 746.8	65.3
山西	108.9	0.5	432.5	1.9	1 849.1	8.3	4 152.9	18.5	15 861.8	70.8
内蒙古	118.8	0.4	83.9	0.3	239.0	0.8	1 312.2	4.5	27 098.1	93.9
辽宁	195.3	3.5	321.8	5.8	502.3	9.1	863.7	15.6	3 660.0	66.0
吉林	35.3	2.1	58.6	3.5	161.1	9.6	409.8	24.5	1 010.6	60.3
黑龙江	74.9	9.5	37.1	4.7	93.6	11.9	264.4	33.5	318.4	40.4
江苏	0.5	0.3	5.6	3.2	18.9	10.7	44.6	25.2	107.3	60.6
浙江	105.3	4.1	340.9	13.3	780.4	30.5	689.4	26.9	643.8	25.2
安徽	20.1	1.6	92.9	7.5	250.3	20.1	360.1	28.9	522.7	41.9
福建	185.9	1.7	1 108.0	10.0	4 137.8	37.4	2 589.9	23.4	3 036.4	27.5
江西	79.6	0.9	734.4	8.3	3 372.1	37.9	2 519.9	28.3	2 189.2	24.6
山东	0.1	0.0	0.9	0.2	4.9	1.3	36.7	9.8	332.1	88.7
河南	18.1	0.1	265.2	1.8	2 213.1	15.2	6 088.1	41.9	5 934.6	40.9
湖北	604.6	2.4	3 679.4	14.5	9 018.9	35.5	4 237.9	16.7	7 892.3	31.0
湖南	94.7	0.3	1 522.8	4.0	10 701.9	28.3	14 377.2	38.0	11 171.9	29.5
广东	27.8	0.9	239.7	7.6	751.5	23.9	725.9	23.0	1 404.8	44.6
广西	858.6	2.9	3 130.3	10.7	9 969.9	34.1	7 234.0	24.8	8 023.6	27.5
海南	6.6	1.5	33.3	7.5	110.2	24.9	62.7	14.1	230.5	52.0
重庆	103.4	0.9	1 025.3	9.2	3 174.3	28.6	1 523.1	13.7	5 273.6	47.5
四川	28 155.7	31.9	7 963.2	9.0	16 247.6	18.4	15 237.5	17.2	20 733.4	23.5
贵州	1 549.8	4.9	4 109.8	13.0	8 271.2	26.2	3 681.9	11.7	13 976.9	44.2

名称	优		良		中		低		差	
	面积/km²	比例/%	面积/km²	比例/%	面积/km²	比例/%	面积/km²	比例/%	面积/km²	比例/%
云南	7 251.3	14.6	7 640.4	15.3	9 536.0	19.1	5 852.7	11.7	19 542.0	39.2
西藏	29 361.1	34.5	4 603.0	5.4	5 889.4	6.9	8 183.3	9.6	37 141.2	43.6
陕西	329.2	0.7	2 707.7	5.6	10 525.8	21.6	7 370.8	15.2	27 687.8	56.9
甘肃	1 762.6	4.9	1 221.6	3.4	4 617.4	12.8	10 007.9	27.7	18 518.7	51.3
青海	2 848.4	10.9	1 480.5	5.7	3 621.2	13.8	8 493.3	32.5	9 719.9	37.2
宁夏	3.6	0.1	40.2	1.3	56.0	1.8	36.4	1.1	3 055.3	95.7
新疆	5 420.4	7.2	5 305.2	7.0	31 751.8	42.1	5 261.9	7.0	27 686.2	36.7

3. 草地

全国草地质量整体较差。其中，低级草地面积为 62.47 万 km²，差级草地面积为 103.90 万 km²，两者之和占草地总面积的 62.39%（表 4.5）。草地生态系统质量较高的地区主要分布在内蒙古东部、青藏高原东南部、横断山区、新疆伊犁、云贵高原。质量较差的草地生态系统主要分布在内蒙古中部、青藏高原西部、新疆天山南部等地区（图 4.3）。

表 4.5 全国草地生态系统质量等级（2015 年）

质量等级	面积/万 km²	面积比例/%
优	35.90	13.46
良	27.44	10.29
中	36.94	13.85
低	62.47	23.43
差	103.90	38.96

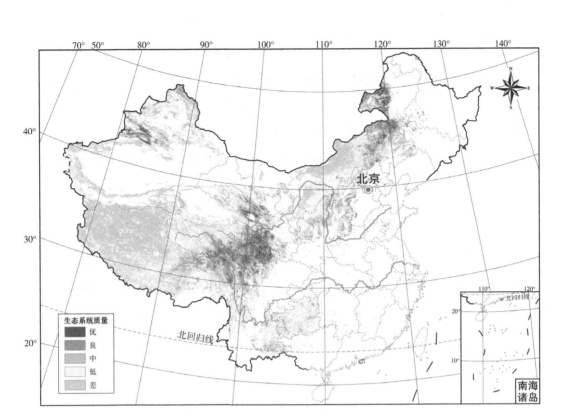

图 4.3　全国草地质量空间分布特征（2015 年）

　　从省域来看，优、良等级草地面积较大的省（区）有青海、四川、内蒙古和西藏。安徽和广东的草地面积较少，但优级草地面积比例高。西藏、新疆和宁夏等省份的草地质量普遍较低（表 4.6）。

表 4.6　各省（区、市）草地质量状况（2015 年）

名称	优		良		中		低		差	
	面积 /km²	比例 /%	面积 /km²	比例 /%	面积 /km²	比例 /%	面积 /km²	比例 /%	面积 /km²	比例 /%
北京	528.4	67.1	191.9	24.4	57.3	7.3	9.0	1.1	0.4	0.1
天津	18.8	22.1	17.9	21.0	23.4	27.5	17.4	20.5	7.4	8.8
河北	5 735.1	29.7	5 670.4	29.4	5 563.7	28.8	2 278.4	11.8	58.3	0.3

名称	优		良		中		低		差	
	面积 /km²	比例 /%	面积 /km²	比例 /%	面积 /km²	比例 /%	面积 /km²	比例 /%	面积 /km²	比例 /%
山西	13 410.1	27.8	14 315.9	29.7	15 198.8	31.5	5 268.4	10.9	83.1	0.2
内蒙古	59 476.1	11.4	60 500.5	11.6	97 654.3	18.8	114 843.9	22.1	187 552.3	36.1
辽宁	922.9	52.5	466.1	26.5	315.6	18.0	48.8	2.8	2.8	0.2
吉林	1 182.1	17.0	1 808.7	26.0	2 618.8	37.6	1 295.6	18.6	57.6	0.8
黑龙江	3 008.2	56.1	1 300.7	24.2	775.6	14.5	265.1	4.9	16.5	0.3
上海	0.3	45.5	0.2	27.3	0.2	27.3	0.0	0.0	0.0	0.0
江苏	98.9	36.3	97.5	35.8	62.5	22.9	13.4	4.9	0.1	0.0
浙江	642.1	67.2	204.6	21.4	85.8	9.0	21.2	2.2	2.3	0.2
安徽	130.2	84.8	16.5	10.8	6.0	3.9	0.6	0.4	0.2	0.1
福建	383.1	82.7	61.9	13.4	12.3	2.7	2.3	0.5	3.5	0.8
江西	2 323.6	63.3	1 007.3	27.4	316.1	8.6	20.8	0.6	3.1	0.1
山东	3 537.0	57.8	2 119.1	34.6	401.1	6.6	52.4	0.9	9.5	0.2
河南	2 569.7	58.7	1 492.2	34.1	303.3	6.9	14.1	0.3	1.2	0.0
湖北	1 297.1	77.3	349.8	20.8	28.4	1.7	2.8	0.2	0.6	0.0
湖南	4 310.8	84.0	743.6	14.5	72.9	1.4	3.3	0.1	2.8	0.1
广东	158.1	85.3	22.2	12.0	3.3	1.8	0.4	0.2	1.3	0.7
广西	3 869.4	85.6	587.4	13.0	54.6	1.2	5.4	0.1	4.4	0.1
海南	35.1	54.0	21.9	33.8	5.8	9.0	1.6	2.5	0.5	0.8
重庆	2 657.6	86.2	387.1	12.6	28.6	0.9	5.6	0.2	2.5	0.1
四川	64 767.8	56.3	27 473.8	23.9	15 627.1	13.6	5 831.4	5.1	1 303.2	1.1
贵州	23 921.7	83.5	4 310.8	15.0	394.3	1.4	32.4	0.1	2.6	0.0
云南	23 949.0	50.4	13 601.3	28.6	7 028.5	14.8	2 571.1	5.4	364.2	0.8

名称	优		良		中		低		差	
	面积/km²	比例/%	面积/km²	比例/%	面积/km²	比例/%	面积/km²	比例/%	面积/km²	比例/%
西藏	30 433.6	3.6	43 708.4	5.1	70 388.3	8.3	167 143.4	19.6	539 930.2	63.4
陕西	5 986.8	13.1	9 142.8	20.1	16 867.3	37.0	12 739.4	27.9	862.4	1.9
甘肃	25 065.4	21.0	12 784.9	10.7	16 730.6	14.0	34 367.2	28.9	30 133.4	25.3
青海	70 202.1	18.1	53 572.4	13.8	66 331.2	17.1	112 630.8	29.0	85 996.9	22.1
宁夏	452.3	2.0	962.3	4.2	2 544.8	11.2	9 613.4	42.2	9 216.1	40.4
新疆	24 141.3	4.7	27 621.9	5.3	48 872.7	9.4	107 502.9	20.7	310 542.3	59.9

4. 湿地

　　全国湿地质量状况总体较好，优级和良级面积占比分别为 3.26% 和 45.29%，而低级和差级湿地面积占比仅为 12.71% 和 9.36%。其中珠江流域、西北诸河和西南诸河流域湿地质量状况相对较好，优级和良级面积之和分别为 77.80%、96.00% 和 72.40%。淮河流域、海河流域和辽河流域湿地质量状况相对较差，低级和差级面积之和分别为 45.70%、57.80% 和 60.00%（表 4.7，图 4.4）。

表 4.7　全国湿地生态系统质量等级 (2015 年)

流域	不同质量面积比例/%				
	优	良	中	低	差
东南诸河	4.4	31.1	53.3	8.9	2.3
长江	3.8	55	30.6	6.2	4.4
黄河	1.6	30.6	29	21	17.8

续表

流域	不同质量面积比例/%				
	优	良	中	低	差
珠江	3.7	74.1	16.7	1.8	3.7
松花江	0	8.1	57	26.7	8.2
淮河	0	6.4	47.9	22.3	23.4
海河	4.7	15.6	21.9	6.2	51.6
辽河	1.8	30.9	7.3	40	20
西北诸河	7.8	88.2	0	2	2
西南诸河	0	72.4	24.1	3.4	0.1
全国	3.26	45.29	29.37	12.71	9.36

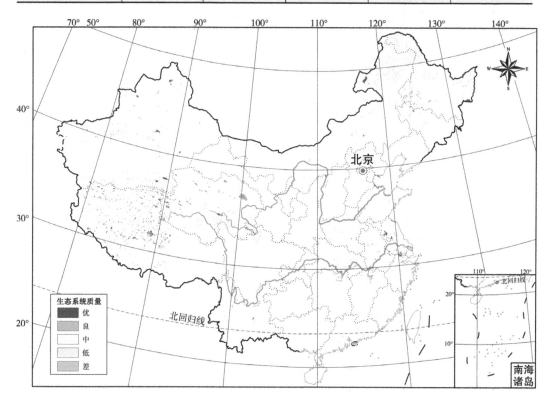

图 4.4　全国湿地质量空间分布（2015 年）

（二）生态系统质量变化

1. 森林

2000 — 2015 年间，全国森林质量总体得到提高。优、良等级质量森林面积提升较大，优级面积增加 66.45%，良级面积增加 88.67%（表 4.8）。小兴安岭、长白山、太行山、南岭、横断山脉和西南地区森林质量明显提高（图 4.5）。

表 4.8　全国森林生态系统质量等级变化 (2000 — 2015 年)

质量等级	2000年面积占比/%	2015年面积占比/%	面积占比变化/%	面积变化率/%
优	2.98	9.02	6.04	66.45
良	7.36	18.93	11.57	88.67
中	23.23	33.04	9.81	32.44
低	40.76	18.45	−22.31	−45.99
差	25.66	20.56	−5.1	−19.25

2000 — 2015 年间，绝大多数省（区、市）的森林质量得到改善，其中，辽宁、云南、浙江、福建、黑龙江、内蒙古和吉林优等级面积比例增加幅度较大（表 4.9）。

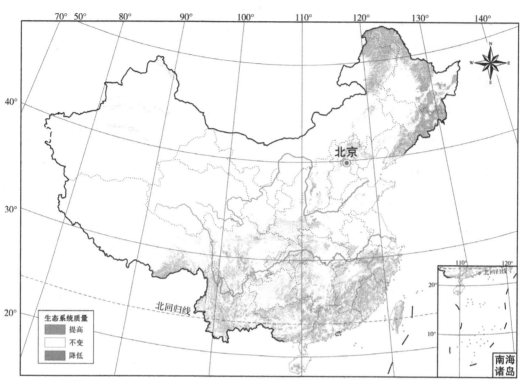

图 4.5 全国森林质量变化空间分布特征 (2000—2015 年)

表 4.9 各省（区、市）森林质量变化（2000—2015 年）

名称	优		良		中		低		差	
	变化面积/km²	比例变化/%	变化面积/km²	比例变化/%	变化面积/km²	比例变化/%	变化面积/km²	比例变化/%	变化面积/km²	比例变化/%
北京	58.71	1.33	374.90	8.46	467.43	10.55	−355.26	−8.02	−516.68	−11.66
天津	−0.06	−0.02	0.49	0.17	1.26	0.43	39.05	13.40	−49.94	−17.14
河北	89.80	0.23	873.84	2.21	4 752.04	12.03	4 887.86	12.38	−10 850.34	−27.48
山西	776.41	2.66	1 904.95	6.52	4 442.55	15.21	1 342.98	4.60	−8 496.89	−29.10
内蒙古	8 803.30	5.24	14 642.44	8.71	3 468.49	2.06	−25 965.33	−15.45	−1 010.80	−0.60
辽宁	3 422.24	6.42	4 902.40	9.20	−2 522.08	−4.73	−5 270.19	−9.89	−527.28	−0.99
吉林	4 215.13	5.22	12 558.80	15.57	7 523.35	9.32	−25 431.41	−31.52	1 413.74	1.75

续表

名称	优		良		中		低		差	
	变化面积/km²	比例变化/%	变化面积/km²	比例变化/%	变化面积/km²	比例变化/%	变化面积/km²	比例变化/%	变化面积/km²	比例变化/%
黑龙江	11 768.83	5.73	23 754.70	11.56	15 310.31	7.45	−52 507.76	−25.55	1 917.53	0.93
上海	0.00	0.00	0.00	0.00	0.80	15.80	2.98	58.77	0.43	8.40
江苏	−18.88	−0.68	−49.78	−1.80	−42.09	−1.52	552.24	20.01	600.70	21.76
浙江	3 599.96	5.93	6 105.11	10.06	2 075.05	3.42	−6 795.04	−11.20	−3 586.59	−5.91
安徽	513.59	1.64	3 655.53	11.68	3 671.56	11.74	−2 870.33	−9.17	−4 604.75	−14.72
福建	4 989.96	5.86	10 299.46	12.09	1 600.64	1.88	−14 571.54	−17.10	−2 572.63	−3.02
江西	2 480.65	2.52	10 869.18	11.04	8 881.85	9.02	−17 258.01	−17.53	−6 230.16	−6.33
山东	2.63	0.01	37.60	0.21	251.50	1.41	1 833.83	10.25	−1 922.05	−10.74
河南	119.18	0.34	2 099.29	5.91	4 057.03	11.43	45.20	0.13	−6 334.29	−17.84
湖北	836.83	1.33	7 635.24	12.13	5 361.93	8.52	−11 480.93	−18.24	−2 623.66	−4.17
湖南	843.71	0.97	7 755.43	8.89	14 545.44	16.68	−18 589.80	−21.31	−4 920.98	−5.64
广东	2 048.81	1.84	7 801.35	7.01	13 117.34	11.78	−20 842.03	−18.71	−2 997.18	−2.69
广西	2 758.59	1.90	12 465.58	8.59	17 100.38	11.79	−2 8361.48	−19.55	−4 109.16	−2.83
海南	179.60	1.97	940.60	10.30	1 238.75	13.56	−2 100.20	−22.99	−97.65	−1.07
重庆	558.70	1.62	3 295.03	9.54	5 585.65	16.16	−4 914.79	−14.22	−4 657.09	−13.48
四川	5 229.24	3.71	9 679.34	6.87	13 394.20	9.51	−17 610.53	−12.50	−10 956.35	−7.78
贵州	1 222.53	1.95	6 951.38	11.07	8 867.41	14.12	−13 266.74	−21.12	−4 009.58	−6.38
云南	11 286.16	5.94	15 404.88	8.11	6 976.69	3.67	−3 2278.70	−16.99	−2 074.53	−1.09
西藏	2 183.43	2.58	3 849.91	4.55	5 433.34	6.42	−6 304.93	−7.44	−5 274.05	−6.23
陕西	259.21	0.44	2 965.96	5.01	7 958.84	13.46	−2 199.96	−3.72	−8 923.95	−15.09
甘肃	−17.20	−0.08	448.51	2.13	2 878.29	13.68	−898.80	−4.27	−2 389.00	−11.36
青海	54.20	1.81	−54.85	−1.83	2.16	0.07	152.86	5.10	−154.38	−5.15
宁夏	0.19	0.03	14.31	2.28	73.85	11.79	−10.15	−1.62	−78.60	−12.54
新疆	836.93	3.10	−395.59	−1.47	−1 115.28	−4.13	−600.98	−2.23	1 929.71	7.15

2. 灌丛

2000—2015 年间，全国灌丛质量总体得到改善。灌丛质量优级面积增加 28.70%，质量良级面积增加 74.22%（表 4.10）。太行山和四川、贵州灌丛得到明显提高，青藏高原南部和东部部分地区的灌丛质量有所下降（图 4.6）。

表 4.10　全国灌丛生态系统质量等级变化（2000 — 2015 年）

质量等级	2000年面积占比/%	2015年面积占比/%	面积占比变化/%	面积变化率/%
优	9.93	13.29	3.36	28.70
良	4.42	9.91	5.49	74.22
中	17.19	19.91	2.72	16.51
低	41.78	16.47	−25.31	−15.33
差	26.68	40.42	13.74	−14.64

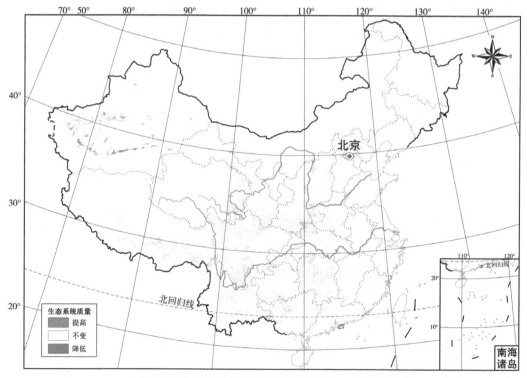

图 4.6　全国灌丛质量空间变化（2000～2015 年）

2000—2015 年间,绝大多数省(区、市)的灌丛质量得到改善,其中,青海、新疆、云南、浙江、甘肃和贵州等的优等级面积比例增加幅度较大(表4.11)。

表 4.11　各省(区、市)灌丛质量变化(2000 — 2015 年)

名称	优		良		中		低		差	
	变化面积/km²	比例变化/%	变化面积/km²	比例变化/%	变化面积/km²	比例变化/%	变化面积/km²	比例变化/%	变化面积/km²	比例变化/%
北京	12.05	0.34	108.74	3.11	311.36	8.91	223.48	6.40	−661.69	−18.94
天津	0.00	0.00	−0.13	−0.13	−0.08	−0.08	15.66	15.93	−20.05	−20.39
河北	38.24	0.18	281.21	1.31	1 380.49	6.44	2 661.74	12.41	−4 529.84	−21.12
山西	182.20	0.54	699.18	2.08	2 455.98	7.30	4 844.53	14.40	−8 250.71	−24.53
内蒙古	216.34	0.78	383.04	1.37	668.23	2.40	180.96	0.65	−1 409.21	−5.06
辽宁	65.28	0.81	189.03	2.35	−62.80	−0.78	−657.40	−8.17	456.48	5.67
吉林	5.81	0.22	20.95	0.78	57.60	2.15	−313.78	−11.74	217.15	8.12
黑龙江	−65.35	−4.00	4.20	0.26	136.39	8.35	72.25	4.42	−128.95	−7.90
江苏	0.18	0.12	2.36	1.56	10.69	7.07	47.14	31.18	9.85	6.52
浙江	105.15	4.43	232.11	9.78	76.80	3.24	−246.35	−10.38	−169.53	−7.14
安徽	26.60	0.52	123.21	2.42	378.45	7.42	−240.86	−4.72	−268.23	−5.26
福建	300.38	2.34	1 015.86	7.93	505.78	3.95	−1 210.51	−9.44	−1 051.99	−8.21
江西	172.35	1.66	998.09	9.63	1 058.05	10.21	−1 453.34	−14.02	−881.13	−8.50
山东	0.23	0.06	2.50	0.64	6.08	1.54	62.66	15.92	−59.56	−15.14
河南	39.01	0.25	470.90	2.97	1 974.61	12.44	1 478.30	9.31	−4 076.23	−25.68
湖北	647.89	2.58	2 897.49	11.53	1 742.10	6.93	−2 513.71	−10.00	−2 868.58	−11.42
湖南	335.85	0.80	2 874.79	6.87	5 632.36	13.45	−4 897.98	−11.70	−4 172.10	−9.97
广东	61.55	2.69	297.84	13.03	283.10	12.39	−150.28	−6.58	22.61	0.99
广西	811.48	1.95	3 143.54	7.54	3 920.48	9.40	−3 577.98	−8.58	−700.36	−1.68
海南	7.24	1.65	25.99	5.92	22.16	5.05	−43.55	−9.92	−10.46	−2.38

续表

名称	优		良		中		低		差	
	变化面积/km²	比例变化/%	变化面积/km²	比例变化/%	变化面积/km²	比例变化/%	变化面积/km²	比例变化/%	变化面积/km²	比例变化/%
重庆	249.05	2.04	1 292.35	10.60	1 761.23	14.44	−1 135.88	−9.32	−2 212.90	−18.15
四川	−434.11	−0.48	1 268.30	1.40	2 420.65	2.67	−7 210.54	−7.96	3 870.96	4.27
贵州	1 125.20	3.63	4 258.43	13.75	3 877.71	12.52	−5 770.03	−18.63	−3 659.14	−11.81
云南	2 275.10	5.43	1 726.36	4.12	1 879.88	4.49	−3 610.25	−8.62	−2 453.90	−5.86
西藏	2 247.84	2.61	−955.28	−1.11	−1 081.31	−1.26	319.55	0.37	−599.38	−0.70
陕西	431.24	1.25	2 816.23	8.19	3 130.73	9.10	−2 061.13	−5.99	−4 240.46	−12.33
甘肃	1 264.21	3.67	69.71	0.20	1 167.61	3.39	−1 978.43	−5.75	−472.93	−1.37
青海	2 236.90	8.55	731.96	2.80	−102.33	−0.39	−4 172.23	−15.95	1 307.96	5.00
宁夏	27.78	0.77	41.04	1.13	100.94	2.78	194.01	5.35	−352.36	−9.71
新疆	7 639.91	6.23	3 523.41	2.87	−14 644.40	−11.93	10 996.71	8.96	−9 485.74	−7.73

3. 草地

2000—2015 年间，全国草地质量得到改善。质量为优等级的草地面积比例由 3.72% 增加到 13.46%，低级和差级的比例从 72.45% 下降到 62.39%（表 4.12），黄土高原地区、三江源地区草地质量明显提高。质量下降的草地主要分布在内蒙古中部、青藏高原西部、新疆西北部等地区（图 4.7）。

表 4.12 全国草地生态系统质量等级变化（2000—2015 年）

质量等级	2000年面积占比/%	2015年面积占比/%	面积占比变化/%	面积变化率/%
优	3.72	13.46	9.74	90.24
良	10.73	10.29	−0.44	44.26
中	13.09	13.85	0.76	24.65
低	22.5	23.43	0.93	−1.68
差	49.95	38.96	−10.99	−23.89

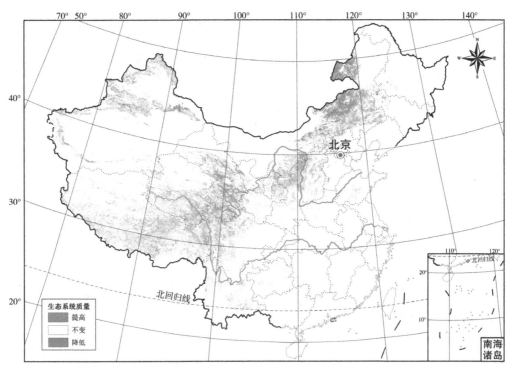

图 4.7 全国草地质量空间变化（2000—2015 年）

2000—2015 年间，绝大多数省（区、市）的草地质量得到改善，其中，山东、江苏、河南、贵州、北京和重庆等优等级面积比例增加幅度较大（表 4.13）。

表 4.13 各省（区、市）草地质量变化（2000—2015 年）

名称	优		良		中		低		差	
	变化面积 /km²	比例变化 /%	变化面积 /km²	比例变化 /%	变化面积 /km²	比例变化 /%	变化面积 /km²	比例变化 /%	变化面积 /km²	比例变化 /%
北京	285.98	30.35	−91.40	−9.70	−133.86	−14.21	−58.09	−6.17	−24.23	−2.57
天津	6.30	2.68	−12.61	−5.36	−8.96	−3.81	−9.05	−3.85	−6.18	−2.62
河北	3 771.44	19.25	3 861.93	19.71	960.66	4.90	−7 834.15	−39.99	−513.48	−2.62
山西	9 691.03	15.95	12 636.31	20.80	1 045.49	1.72	−21 127.24	−34.77	−2 557.89	−4.21

续表

名称	优		良		中		低		差	
	变化面积/km²	比例变化/%	变化面积/km²	比例变化/%	变化面积/km²	比例变化/%	变化面积/km²	比例变化/%	变化面积/km²	比例变化/%
内蒙古	36 794.10	6.71	41 296.73	7.53	39 537.59	7.21	−43 007.59	−7.84	−76 924.03	−14.02
辽宁	395.53	20.41	284.10	14.66	−387.49	−19.99	−465.11	−24.00	−11.43	−0.59
吉林	999.49	15.58	1 732.65	27.01	1 860.95	29.01	−3 767.63	−58.74	−1 204.16	−18.77
黑龙江	2 291.35	12.89	408.94	2.30	−1 036.38	−5.83	−1 654.86	−9.31	−334.15	−1.88
上海	−0.36	−44.62	0.00	0.00	0.03	3.08	−0.10	−12.31	0.00	0.00
江苏	103.55	58.88	100.71	57.26	−25.89	−14.72	−60.51	−34.41	−6.96	−3.96
浙江	−25.63	−1.08	−167.23	−7.04	88.90	3.74	−2.84	−0.12	−1.61	−0.07
安徽	201.14	9.07	−165.74	−7.48	−59.13	−2.67	−79.61	−3.59	−4.56	−0.21
福建	−195.20	−20.07	−31.71	−3.26	−76.69	−7.88	1.46	0.15	2.54	0.26
江西	909.49	24.92	−149.90	−4.11	−574.36	−15.73	−59.31	−1.62	−0.51	−0.01
山东	3 916.16	60.04	1 763.68	27.04	−4 075.49	−62.48	−1 669.06	−25.59	−58.49	−0.90
河南	2 116.10	48.83	1 394.09	32.17	−2 632.55	−60.74	−895.90	−20.67	−18.24	−0.42
湖北	326.05	21.26	−211.21	−13.77	−104.49	−6.81	−8.85	−0.58	−0.50	−0.03
湖南	769.04	17.50	−572.09	−13.02	−137.89	−3.14	−20.14	−0.46	−1.93	−0.04
广东	46.70	17.73	−36.21	−13.75	−29.73	−11.28	1.03	0.39	0.01	0.00
广西	1 324.40	19.99	−997.40	−15.06	−160.96	−2.43	−121.29	−1.83	−230.05	−3.47
海南	4.46	5.63	3.24	4.08	−12.99	−16.38	−2.60	−3.28	−0.11	−0.14
重庆	1 796.83	28.60	−1 647.05	−26.22	−170.83	−2.72	4.03	0.06	2.13	0.03
四川	22 872.10	19.90	−7 105.44	−6.18	−9 794.71	−8.52	−5 172.80	−4.50	−950.05	−0.83
贵州	14 265.05	44.68	−10 337.23	−32.38	−3 658.34	−11.46	−411.66	−1.29	−4.93	−0.02

名称	优		良		中		低		差	
	变化面积/km²	比例变化/%	变化面积/km²	比例变化/%	变化面积/km²	比例变化/%	变化面积/km²	比例变化/%	变化面积/km²	比例变化/%
云南	12 361.38	23.24	−1 548.48	−2.91	−7 064.23	−13.28	−3 038.79	−5.71	−931.59	−1.75
西藏	16 035.46	1.88	14 063.48	1.65	5 519.60	0.65	28 210.31	3.31	−65 082.25	−7.64
陕西	3 791.26	7.70	10 230.93	20.78	20 314.84	41.27	−11 785.78	−23.94	−22 453.25	−45.62
甘肃	11 470.13	9.80	−111.65	−0.10	9 841.78	8.41	3 674.68	3.14	−24 729.83	−21.13
青海	45 180.20	11.73	17 609.35	4.57	3 180.64	0.83	10 570.83	2.74	−76 806.31	−19.94
宁夏	340.34	1.53	826.65	3.72	3 070.96	13.84	9 217.86	41.53	−13 210.61	−59.52
新疆	−21 555.00	−3.82	1 160.53	0.21	17 772.49	3.15	38 879.48	6.90	−40 024.29	−7.10

4. 湿地

2000—2015 年间，全国湿地质量总体趋好，优级和良级湿地面积共增加 14.05%，而低级和差级湿地面积共减少 78.53%（表 4.14）。湿地质量变好的区域主要集中分布于青藏高原地区（图 4.8）。

表 4.14 全国湿地生态系统质量变化 (2000 — 2015 年)

流域	面积比例/%				
	优	良	中	低	差
东南诸河	−74.88	−24.14	—	−74.66	−60.82
长江	−20.56	−3.52	133.93	−25.28	−69.55
黄河	−42.27	390.71	910.28	−15.47	−71.41
珠江	—	26.00	−3.71	−87.01	−46.21
松花江	—	158.57	89.54	−23.21	−77.50

流域	面积比例/%				
	优	良	中	低	差
淮河	—	−9.66	268.79	34.90	−56.85
海河	—	424.35	930.55	62.09	94.77
辽河	—	1 239.80	7.21	89.70	−74.88
西北诸河		80.16	−100.00	112.44	—
西南诸河	—	—	−69.94	−70.13	−98.26
全国	−47.25	61.30	33.29	−19.15	−59.38

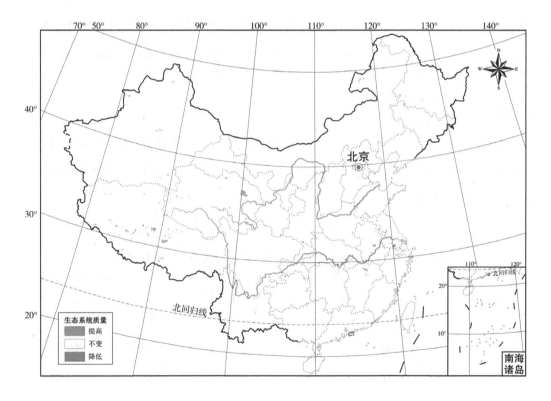

图 4.8　全国湿地质量空间变化 (2000—2015 年)

二、生态系统服务及变化

生态系统服务是人类从生态系统中获得的惠益，包括生态系统提供给社会的产品和服务。生态系统服务不但直接提供给人类食品、医药和其他生产生活原料，还创造与维持了地球生命支持系统，由此，人类生存所必需的环境条件才能形成。我国森林、草地、灌丛、湿地等生态系统所提供的水源涵养服务、土壤保持服务、防风固沙服务、洪水调蓄服务、碳固定服务和生物多样性是保障我国经济社会可持续发展、维护我国生态安全的重要基础。

（一）生态系统服务空间特征

1. 水源涵养

水源涵养是陆地生态系统重要生态服务功能之一，其变化直接影响区域气候、水文、植被和土壤等状况，是区域生态系统状况的重要指示器。水源涵养功能概念较广，主要表现形式包括生态系统的拦蓄降水、调节径流、影响降水量、净化水质等。

据测算，2015 年我国生态系统水源涵养总量为 14 567.65 亿 m³，单位面积水源涵养量为 33.75 万 m³/km²。水源涵养极重要区面积为 166.04 万 km²，约占全国国土总面积的 17.30%，主要分布在大兴安岭、小兴安岭、长白山、秦岭、大巴山、岷山、武夷山区、海南中部山区、藏东南等地；重要区面积为 116.55 万 km²，约占全国国土总面积的 12.14%；中等重要区总面积为 97.48 万 km²，约占全国国土总面积的 10.15%（图 4.9）。

森林生态系统是我国生态系统水源涵养功能的主体，其水源涵养量为 8 148.00 亿 m³，约占全国水源涵养总量的 55.93%；草地、灌丛生态系统的水源涵养量分别为 3 070.14 亿 m³、1 894.04 亿 m³，各占总量的 21.08%、

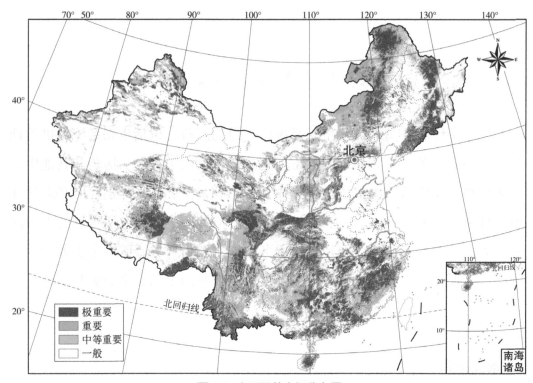

图 4.9 水源涵养空间分布图

13.00%。

森林生态系统中，常绿针叶林水源涵养总量最多，为 4 038.84 亿 m³；其次是常绿阔叶林，为 2 506.81 亿 m³；落叶针叶林生态系统水源涵养总量较少，为 166.93 亿 m³。从水源涵养的单位量来看，常绿阔叶林水源涵养能力最强，为 68.99 万 m³/km²。

草地生态系统中，草原生态系统水源涵养总量最高，为 1 192.61 亿 m³；其次是稀疏草地，为 869.88 亿 m³；水源涵养量最少的是草甸生态系统，为 475.83 亿 m³。从水源涵养单位量来看，草丛的调节能力最好，为 30.62 亿 m³/km²。

灌丛生态系统中，落叶阔叶灌木林水源涵养量最高，为 960.94 亿 m³；其次是常绿阔叶灌木林，为 855.94 亿 m³；水源涵养量最少的是常绿针叶灌木林，为 27.48 亿 m³。从水源涵养单位量来看，常绿阔叶灌木林的调节能力最好，为 51.55 万 m³/km²。

我国 7 大自然地理区中，西南地区的水源涵养总量最高，为 4 712.66 亿 m³，约占全国总量的 32.35%；其次是华东、华南、华中，分别为 2 943.79 亿 m³、2 327.30 亿 m³、1 619.47 亿 m³，占全国总量的 20.21%、15.98%、11.12%；东北和华北地区最低，分别为 1 038.85 亿 m³ 和 421.70 亿 m³，仅占全国总量的 7.13% 和 2.89%。从单位面积水源涵养量来看，华南地区最高，高达 74.23 万 m³/km²；其次是华东和华中地区，分别为 74.19 万 m³/km² 和 56.18 万 m³/km²；西北和华北地区单位面积水源涵养量较小，分别为 9.74 万 m³/km² 和 8.26 万 m³/km²。

我国 10 大江河流域中，长江流域的水源涵养量最高，为 5 412.62 亿 m³，约占全国总量的 37.16%；珠江流域次之，水源涵养量为 2 830.49 亿 m³，约占全国总量的 19.43%；其次是西南诸河和东南诸河流域，分别为 1 848.90 亿 m³ 和 1 295.57 亿 m³，各占全国总量的 12.69% 和 8.90 %。从单位面积水源涵养量来看，水源涵养能力最强的是东南诸河流域，为 81.27 万 m³/km²；其次是珠江流域和长江流域，分别为 68.16 万 m³/km² 和 43.83 万 m³/km²。

全国 31 个省（区、市）中，云南的水源涵养量最高，为 1 337.01 亿 m³，约占全国的 9.18 %；其次是西藏和四川，分别为 1 289.18 亿 m³ 和 1 183.03 亿 m³，分别占全国的 8.85%、8.12%。 水源涵养较差的有上海、天津等，水源涵养量均小于 10.00 亿 m³。从水源涵养功能的单位量来分析，江西最高，为 85.45 万 m³/km²；其次是广东和浙江，分别为 83.03 万 m³/km² 和 81.33 万 m³/km²。单位面积水源涵养量较低的地区为宁夏和河北，分别为 5.00 万 m³/km² 和 7.58 万 m³/km²。

2. 土壤保持

土壤保持是陆地生态系统重要生态服务功能之一。它是生态系统（如森林、草地等）通过其结构与过程减少由于水蚀所导致的土壤侵蚀的作用。

据测算，2015 年我国生态系统土壤保持总量为 1 990.21 亿 t，单位面积土壤保持量为 210.00 t/hm²，大体呈东南高西北低的分布格局。土壤保持强度较高的区域主要位于环四川盆地丘陵区、南岭山脉、罗霄山脉、武夷山脉、浙闽丘陵、皖南山区和海南中部山区。

综合考虑不同土壤侵蚀类型区的重要性，土壤保持极重要地区总面积为 71.71 万 km²，约占国土面积的 7.47%，主要分布于长白山、燕山—太行山脉、黄土高原、祁连山、天山、横断山脉、秦巴山地、苗岭和皖南山区等。重要地区总面积 83.10 万 km²，约占国土面积的 8.66%，主要分布在黄土高原、秦岭、川西高原、藏东南和东南丘陵。中等重要区总面积约 107.38 万 km²，约占国土面积的 11.19%，主要分布在大兴安岭、陇南地区、川西—藏东地区、云贵高原以及南岭山脉（图 4.10）。

各生态系统中，森林和灌丛生态系统是我国生态系统土壤保持的主体，其中，森林生态系统的土壤保持量最高，为 1 255.51 亿 t，约占全国生态系

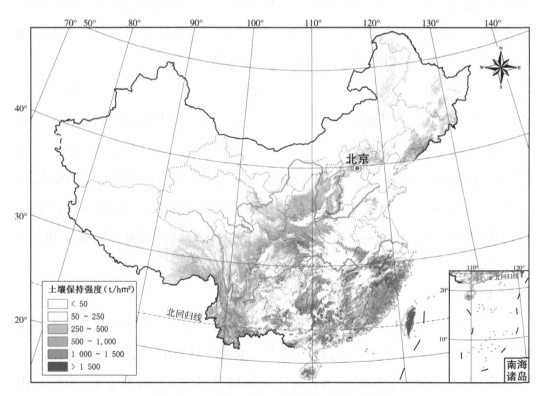

图 4.10　全国生态系统土壤保持功能空间格局

统土壤保持总量的 63.08%；灌丛生态系统的土壤保持量为 272.01 亿 t，约占全国土壤保持总量的 13.67%。从单位面积土壤保持量来看，土壤保持能力最强的是森林，约为 662.50 t/hm²；其次是灌丛和农田，单位面积土壤保持量分别为 402.39 t/hm² 和 118.71 t/hm²。

我国 7 大自然地理区中，西南地区的土壤保持量最高，为 625.37 亿 t，约占全国总量的 31.42%，是我国生态系统保持土壤的主要地区；其次是华东和华南地区，分别为 430.65 亿 t 和 327.85 亿 t，各占全国总量的 21.64% 和 16.47%；华北和东北地区最低，分别为 95.55 亿 t 和 121.90 亿 t，仅占全国总量的 4.80% 和 6.12%。从单位面积土壤保持量来看，华南地区生态系统的土壤保持能力最强，高达 706.18 t/hm²；其次是华东和华中地区，分别为 538.39 t/hm² 和 324.28 t/hm²；华北和东北地区的土壤保持能力较差，分别为 125.97 t/hm² 和 98.05 t/hm²；西北地区最差，仅为 62.15 t/hm²。

我国 10 大江河流域中，长江流域的土壤保持量最高，为 721.58 亿 t，约占全国总量的 36.26%；珠江流域次之，土壤保持量为 379.22 亿 t，约占全国总量的 19.05%；其次是西南诸河和东南诸河流域，分别为 260.82 亿 t 和 240.47 亿 t，各占全国总量的 13.11% 和 12.08%；黄河流域为 166.50 亿 t，占全国总量的 8.37%；西北诸河流域土壤保持量最少，为 21.26 亿 t，仅占全国总量的 1.07%。从单位面积土壤保持量来看，土壤保持能力最强的是东南诸河流域，多达 1 188.28 t/hm²；其次是珠江流域和长江流域，分别为 659.14 t/hm² 和 405.24 t/hm²；西南诸河、黄河、辽河、海河流域居中，分别为 306.29 t/hm²、209.45 t/hm²、168.16 t/hm² 和 161.98 t/hm²；西北诸河流域最差，仅为 6.33 t/hm²。

全国 31 个省（区、市）中，云南的土壤保持量最高，为 227.89 亿 t，约占全国总量的 11.45%；其次是四川和广西，分别为 199.01 亿 t 和 160.33 亿 t，各占全国总量的 10.00% 和 8.06%；土壤保持量高于 100.00 亿 t 的还有福建、广东、江西、陕西、湖南和浙江；而保持量较低的省（区、市）包括上海、天津、江苏、北京和宁夏，均小于 10.00 亿 t。从单位面积土壤保持量来看，土壤保持能力最强的是福建，约为 1 215.57 t/hm²；浙江、广东、广西和江西次之，分别为 965.89 t/hm²、811.15 t/hm²、677.92 t/hm² 和 674.83 t/hm²；云南和陕西的单位面积土壤保持量也都大于 500 t/hm²；青海、江苏、内蒙古、天津和上海等较差；新疆则仅为 6.39 t/hm²。

3. 防风固沙

防风固沙是陆地生态系统重要生态服务功能之一。是指生态系统（如森林、草地等）通过其结构与过程减少由于风蚀所导致的土壤侵蚀的作用。

2015 年我国生态系统固沙总量为 293.34 亿 t，单位面积固沙量为 3 567.34 t/km²，41.92% 的潜在风蚀通过防风固沙功能被消除。防风固沙能力最高的区域集中分布在科尔沁沙地东部的东北平原、浑善达克沙地、吕梁山和太行山所处山西高原、鄂尔多斯高原、阿拉善高原、河西走廊和准噶尔盆地等区域（图 4.11）。

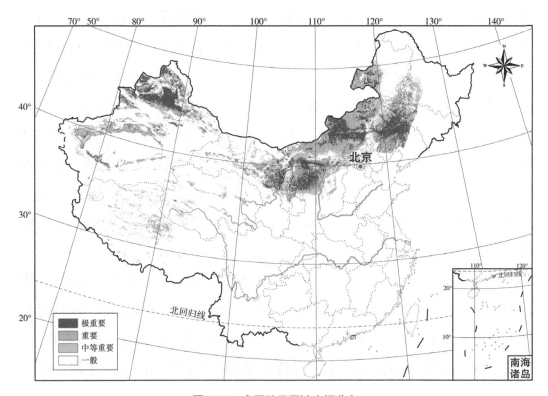

图 4.11　全国防风固沙空间分布

草地生态系统防风固沙量为 147.28 亿 t，约占全国生态系统固沙总量的 50.21%，是我国生态系统防风固沙功能的主体。

我国不同植被区划的固沙能力差异显著。固沙总量最多的是风蚀分布最广的温带草原区，固沙总量为 157.98 亿 t，为全国固沙总量的 53.86%；其次为温带荒漠区，固沙总量为 111.85 亿 t，为全国固沙总量的 38.13%；第三是青藏高原高寒植被区，固沙总量为 11.36 亿 t，为全国固沙总量的 3.87%。从单位面积固沙强度来看，固沙能力最强的为温带草原区，单位固沙能力为 13 717.14 t/km^2；其次为暖温带落叶阔叶林区，单位固沙能力为 7 500.17 t/km^2；第三为温带荒漠区，单位固沙能力为 5 482.52 t/km^2。

全国 31 个省（区、市）中，内蒙古和新疆的防风固沙量最高，分别为 140.67 亿 t 和 95.59 亿 t，约占全国总量的 47.95% 和 32.59%；其次是吉林、辽宁和西藏，分别为 10.96 亿 t、10.36 亿 t 和 7.76 亿 t，占全国总量的 3.74%、3.53% 和 2.65%；防风固沙总量高于 3.00 亿 t 的还有陕西、甘肃、青海、黑龙江等省。从单位面积防风固沙能力来看，最强的省（区）是内蒙古和辽宁，分别为 12 588.21 t/km^2 和 7 522.09 t/km^2；其次为新疆、吉林和宁夏，分别为 6 202.73 t/km^2、5 957.24 t/km^2 和 5 747.66 t/km^2。

4. 洪水调蓄

洪水调蓄是我国重要的生态系统服务功能之一。生态系统的洪水调蓄功能能暂时蓄纳洪峰水量，削减并滞后洪峰，从而减轻洪水威胁，对于保障人民生命财产安全和正常生产生活至关重要。

2010 年，我国湿地生态系统（湖泊、水库、沼泽）调蓄洪水能力为 6 007.69 亿 m^3。其中水库调蓄能力最强，为 2 506.85 亿 m^3，约占总调蓄能力的 41.73%，主要分布在中东部城市周边；其次是湖泊，约 2 133.88 亿 m^3，占总调蓄能力的 35.52%，主要分布在青藏高原和长江中下游地区；沼泽调蓄能力为 1 366.95 亿 m^3，约占总调蓄能力的 22.75%，主要分布在青藏高原、大兴安岭和三江平原（图 4.12）。

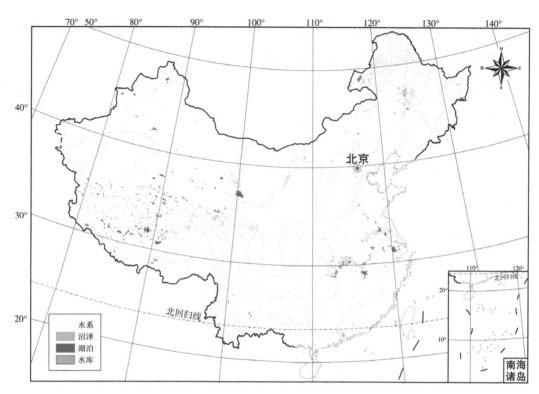

图 4.12　全国湿地生态系统空间分布

　　全国 31 个省（区、市）中，以西藏和青海的湿地生态系统调蓄能力最强，分别为 1 028.96 亿 m³ 和 798.08 亿 m³，各占全国总调蓄能力的 17.13% 和 13.28%；其次是内蒙古、黑龙江和湖北，分别为 487.36 亿 m³、457.00 亿 m³ 和 446.39 亿 m³，各占 8.11%、7.61% 和 7.43%；云南、甘肃、海南、北京、陕西、重庆、山西、天津、宁夏和上海等地湿地调蓄能力较差，比例均不足 1%。湖泊的洪水调蓄功能主要集中在西部和中部省（区），以西藏和青海最强，其湖泊调蓄能力分别为 832.47 亿 m³ 和 396.84 亿 m³，各占全国湖泊调蓄能力的 39.01% 和 18.60%；其次是江苏和江西，分别为 189.57 亿 m³ 和 151.15 亿 m³，各占全国湖泊调蓄能力的 8.88% 和 7.08%。水库的洪水调蓄功能主要集中在中部和东部省（区），以湖北省最强，其水库调蓄能力为 347.25 亿 m³，约占全国水库调蓄能力的 13.85%；其次是广东、湖南、河南、浙江和广西等，分别为 150.15 亿 m³、140.80 亿 m³、140.77 亿 m³、139.32 亿 m³ 和 132.46 亿 m³，各占全国水库调蓄能力的 5.99%、5.62%、5.62%、5.56% 和 5.28%。沼泽的洪水调蓄功能主要集中在西部和东北部省（区），以内蒙古最强，其沼泽调蓄能力为 357.24 亿 m³，约占全国沼泽调蓄能力的 26.13%；其次是黑龙江、青海和西藏，分别为 316.86 亿 m³、281.56 亿 m³ 和 191.99 亿 m³，各占全国沼泽调蓄能力的 23.18%、20.60% 和 14.05%（图 4.13）。

我国 10 大江河流域中，以长江流域湿地调蓄能力最强，约为 1 652.89 亿 m³，占全国总调蓄能力的 27.51%；其次是西北诸河流域和松花江流域，分别为 1 254.95 亿 m³ 和 992.09 亿 m³，各占全国总调蓄能力的 20.89% 和 16.51%；东南诸河流域、辽河流域和海河流域湿地调蓄能力较差。湖泊的洪水调蓄功能主要集中在西北诸河流域和长江流

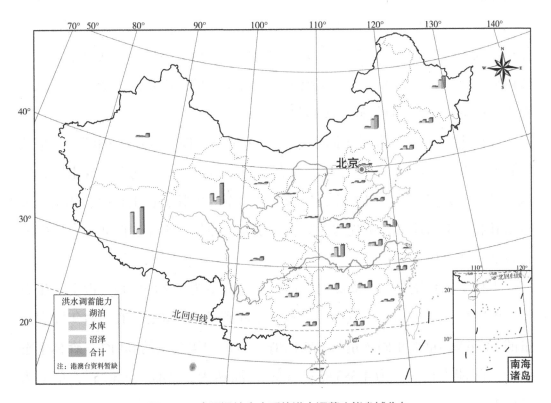

图 4.13　全国湿地生态系统洪水调蓄功能省域分布

域，其湖泊调蓄能力分别为 966.52 亿 m³ 和 627.55 亿 m³，各占全国湖泊调蓄能力的 45.29% 和 29.41%；其次是西南诸河流域、松花江流域和淮河流域，分别为 156.46 亿 m³、139.86 亿 m³ 和 135.41 亿 m³，各占全国湖泊调蓄能力的 7.33%、6.55% 和 6.35%。水库的洪水调蓄功能主要集中在长江流域，其水库调蓄能力为 862.14 亿 m³，约占全国水库调蓄能力的 34.39%；其次是珠江流域和黄河流域，分别为 369.60 亿 m³ 和 295.39 亿 m³，各占全国水库调蓄能力的 14.74% 和 11.78%。沼泽的洪水调蓄功能主要集中在松花江流域，其沼泽调蓄能力为 648.80 亿 m³，约占全国沼泽调蓄能力的 47.46%；其次是西北诸河流域、长江流域和黄河流域，分别为 232.40 亿 m³、163.19 亿 m³ 和 152.57 亿 m³，各占全国沼泽调蓄能力的 17.00%、11.94% 和 11.16%。

5. 固碳

固碳功能是重要的生态系统服务功能之一。指生态系统中植物通过光合作用将大气中的二氧化碳转化为碳水化合物，并以有机碳的形式固定在植物体内或土壤中，即存留于生态系统中。生态系统的固碳功能能减少二氧化碳在大气中的浓度，缓解气候变暖趋势。

2015 年，全国生态系统固碳总量为 9 367.95 Tg（$1Tg=1 \times 10^{12}$ g），平均固碳能力为 975.83 $gCm^{-2}a^{-1}$。全国生态系统固碳能力在空间上表现出明显区域差异，大兴安岭、小兴安岭、横断山脉、秦岭山脉、黄土高原、燕山—太行山脉和东南山地生态系统的固碳能力较高，而华北平原、西北地区固碳能力较低（图 4.14）。

森林生态系统是全国固碳的主体，年固碳量为 7 390.93 Tg，占全国生态系统固碳总量的 78.90%。其次为灌丛，年固碳量为 1 401.90 Tg，占年固碳总量的 14.96%。草地年固碳量为 575.12 Tg，占年固碳总量的 6.14%。森林生态系统固碳能力最高，为 4 383.85 $gCm^{-2}a^{-1}$，灌丛为 2 668.64 $gCm^{-2}a^{-1}$、草地为 225.53 $gCm^{-2}a^{-1}$。

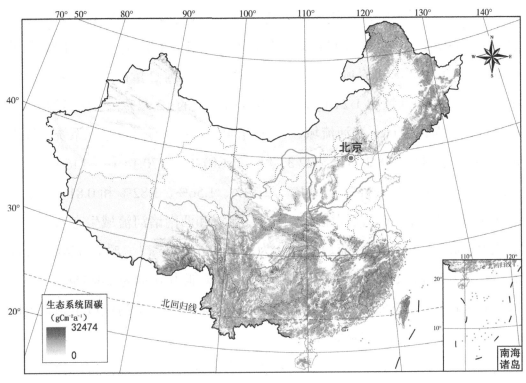

图 4.14　全国生态系统固碳空间格局

我国 7 大自然地理区中，西南地区年固碳量最高，为 3 069.76 Tg，占全国总量的 33.77%，是我国生态系统固碳的主要地区；其次是东北地区，年固碳量为 1 979.57 Tg，占全国总量的 21.13%；然后是华东地区，年固碳量为 1 367.49 Tg，占全国总量的 14.60%。其他自然地理区年固碳量从高到低华南地区为 1 116.12 Tg、华中地区为 890.01 Tg、西北地区为 554.58 Tg、华北地区为 254.43 Tg。从生态系统固碳能力来看，华南地区最高，为 2 398.42 $gCm^{-2}a^{-1}$；华东地区、东北地区、华中地区和西南地区生态系统固碳能力居中，分别为 1 709.62 $gCm^{-2}a^{-1}$、1 592.24 $gCm^{-2}a^{-1}$、1 579.68 $gCm^{-2}a^{-1}$ 和 1 317.33 $gCm^{-2}a^{-1}$；华北和西北地区生态系统固碳能力较弱，分别为 335.41 $gCm^{-2}a^{-1}$ 和 167.16 $gCm^{-2}a^{-1}$。

10 大江河流域中，长江流域的年固碳量最高，为 3 248.19 Tg，占全国总量的 34.67%；松花江流域次之，年固碳量为 1 656.11 Tg，占全国总量的 17.68%；其次是珠江流域，为 1 430.07 Tg，占全国总量的 15.26%；西南诸河次之，年固碳量为 1 210.18 Tg，占全国总量的 12.92%。东南诸河流域、辽河流域、黄河流域、海河流域、西北诸河流域和淮河流域生态系统年固碳量较低，分别为 838.25 Tg、322.33 Tg、261.81 Tg、170.14 Tg、146.60 Tg 和 75.63 Tg，分别占比 8.95%、3.44%、2.79%、1.56%、1.82% 和 0.81%。东南诸河流域、珠江流域、长江流域、松花江流域和西南诸河流域生态系统碳固定能力较高，以东南诸河流域最高，为 3 511.85 $gCm^{-2}a^{-1}$；珠江流域、长江流域、松花江流域和西南诸河流域次之，固碳能力分别为 2 485.58 $gCm^{-2}a^{-1}$、1 824.18 $gCm^{-2}a^{-1}$、1 795.66 $gCm^{-2}a^{-1}$ 和 1 421.12 $gCm^{-2}a^{-1}$。西北诸河流域生态系统固碳能力最低，仅为 43.67 $gCm^{-2}a^{-1}$。

全国 31 个省（区、市）中，云南生态系统年固碳量最高，为 979.98 Tg，占全国总量的 10.46%；其次是四川，生态系统固碳量达 866.07 Tg，占全国总量的 9.25%。黑龙江、西藏、广西和内蒙古固碳量超过 500 Tg，在全国固碳量的比例超过 6%。江苏、宁夏和天津年固碳量不足 10 Tg。固碳能力最高的 5 个省（区）福建为 3 638.73 $gCm^{-2}a^{-1}$、浙江为 2 864.97 $gCm^{-2}a^{-1}$、江西为 2 645.43 $gCm^{-2}a^{-1}$、广西为 2 526.80 $gCm^{-2}a^{-1}$、云南为 2 423.96 $gCm^{-2}a^{-1}$。

6. 生物多样性

我国拥有森林、草地、湿地、荒漠、海洋等各类生态系统，为物种提供了自然生境，孕育了丰富的生物多样性。所有自然生境中，草地所占比重最大，面积为 277.67 万 km^2；其次是森林，面积为 92.02 万 km^2；灌丛和草甸的面积分别为 67.61 万 km^2、41.20 万 km^2（图 4.15）。

选择 IUCN（世界自然保护联盟）红色名录和中国红色名录中的受威胁物种作为全国生物多样性保护重要性指标。这些受威胁物种不仅体现了生物多样性的价值，也反映了人类活动和气候变化对物种的影响。共选定 1 534

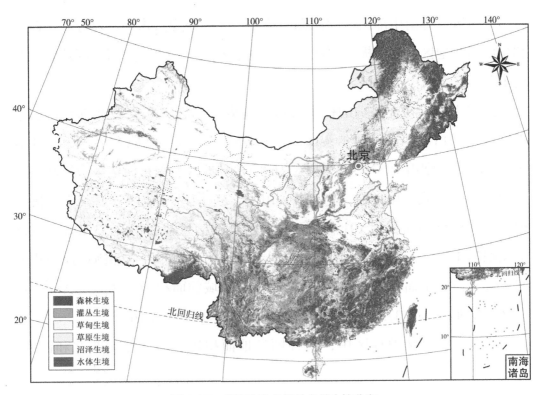

图 4.15　我国生物多样性自然生境分布

种物种作为重要保护物种，其中植物 955 种，哺乳动物 152 种，鸟类 127 种，两栖类 177 种，爬行类 123 种。

　　受威胁植物主要分布在西南、华南、华东和东北地区，其中极重要区域主要位于藏东南、横断山脉和云南—广西南部地区，以及海南中部山区。受威胁哺乳类物种分布范围较广，除华中地区分布较少外，其他地区均较广泛，其中极重要区域主要位于大兴安岭北部地区、小兴安岭—长白山地区、祁连山区、青藏高原东部—川西北地区、邛崃山—岷山山区、秦岭地区、横断山脉地区、藏东南地区、云南—广西南部地区。受威胁鸟类分布范围较广泛，东北、华东、华南、西南和西北地区较为丰富，其中极重要区域主要位于小兴安岭—长白山地区、阿尔泰山区、祁连山区和滇西南。受威胁两栖物种主要分布于西南和东南沿海地区，其中较重要区域主要位于邛崃山、云南—广西南部地区、海南中部山区和武夷山地区。受威胁爬行物种主要分布于西南和华南沿海地区，其中极重要区域主要位于云南—广西—广东南部地区、海南中部山区及武夷山地区。

　　总的来说，物种保护的极重要区域主要分布在大兴安岭北部地区、小兴安岭—长白山地区、阿尔泰山区、祁连山区、青藏高原东部—川西北地区、邛崃山—岷山山区、秦岭地区、横断山脉地区、藏东南地区、云南—广西南部地区、武夷山地区、海南中部山区、东南沿海地区等。其中，栖息地极重要区域的面积为 191.40 万 km²，占全部栖息地面积的 33.40%，占国土面积的 19.94%；重要区域的面积为 164.27 万 km²，占全部栖息地面积的 28.67%，占国土面积的 17.11%；中等重要区域的面积为 217.37 万 km²，占全部栖息地面积的 37.93%，占国土面积的 22.64%（图 4.16）。

　　我国 7 大自然地理区中，物种栖息地面积较高的区域为西北和西南，

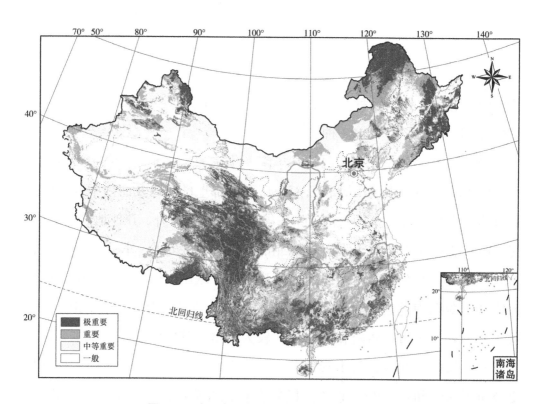

图 4.16　全国生物多样性保护重要性空间格局

面积分别为 183.86 万 km²、178.19 万 km²。其中极重要区域主要分布于西南和西北，面积分别为 64.87 万 km²、48.41 万 km²；其次是东北、华南，面积分别为 42.00 万 km²、19.78 万 km²。重要区域主要分布于西北和东北，面积分别为 47.00 万 km²、28.98 万 km²；其次是西南、华东，面积分别为 28.53 万 km²、20.12 万 km²。中等重要区域主要分布于西北、西南，面积分别为 88.46 万 km²、84.80 万 km²；其次是华北、华东，面积分别为 27.06 万 km²、5.94 万 km²。

（二）生态系统服务变化

2000—2010年，全国6个典型生态系统服务功能中，水源涵养、土壤保持、防风固沙、洪水调蓄功能均有不同程度的提升，固碳功能与生物多样性保护有所降低。

1. 水源涵养变化

2000—2010年，我国生态系统水源涵养总量呈现增加的趋势。从2000年的 12 130.78 亿 m³ 增加到 2010 年的 12 224.33 亿 m³，共增加 93.55 亿 m³，增幅为 0.77%。森林生态系统水源涵养总量从 2000 年的 7 320.03 亿 m³ 增加到 2010 年的 7 432.32 亿 m³，共增加 112.29 亿 m³，增幅为 1.53%。

2000—2010年，各自然地理区除华中和东北外，各区的生态系统水源涵养功能均呈不同程度的增强。从变化的绝对量来看，以西南地区增加量最大，增量为 53.82 亿 m³；其次是华南地区，约为 18.96 亿 m³。从变化相对量来看，西北地区变化最大，约为 1.48%；其次是西南地区，约为 1.42%。

2000—2010年，大部分流域生态系统水源涵养功能均呈不同程度的增强。从变化的绝对量来看，长江流域增加最多，共 56.08 亿 m³；其次是珠江流域，增量约为 28.02 亿 m³；黄河流域、西北诸河流域和淮河流域则分别增加了 6.80 亿 m³、6.04 亿 m³ 和 3.77 亿 m³。从变化相对量来看，以淮河流域变化最大，约为 2.20%；其次是海河流域和黄河流域，分别为 2.06%

和 1.87%。

2000—2010 年，全国大部分省（区、市）的生态系统水源涵养功能都有所增强，增强的省（区、市）包括贵州、广东、江西和重庆等地，而发生退化的省（区、市）包括浙江、广西、福建等地。从变化的绝对量来看，贵州水源涵养量增加最多，为 27.86 亿 m³；其次是广东，为 15.20 亿 m³。从变化相对量来看，宁夏和山东变化最大，分别为 8.11% 和 6.30%。

2. 土壤保持变化

2000—2010 年，我国生态系统土壤保持总量整体增加，从 2000 年的 1 966.49 亿 t 增加到 2010 年的 1 979.62 亿 t，增幅为 0.67%。土壤保持能力（单位面积土壤保持量）从 2000 年的 207.50 t/hm² 增加到 2010 年的 208.88 t/hm²。

2000—2010 年，我国生态系统土壤保持功能空间分布格局总体变化不大，但局部地区变化较为明显。黄土高原地区的土壤保持功能呈现大面积增强，秦巴山区、三峡库区、大娄山、苗岭以及仙霞岭均有一定程度增强，而岷山、邛崃山、新疆中部、西藏东南部、云南中部与南部、广西中部以及广东北部等地区则呈明显退化现象（图 4.17）。

2000—2010 年，各自然地理区生态系统土壤保持功能均呈不同程度增强。变化强度以华北地区最大，单位面积增量为 2.40 t/hm²；其次是西北地区，约为 2.36 t/hm²。从变化的绝对量来看，西北地区增加最多，约为 7.60 亿 t；其次是华北和西南地区，分别增加 1.80 亿 t 和 1.73 亿 t。从变化相对量来看，西北地区变化最大，约为 3.89%；其次是华北地区，约为 1.93%。

2000—2010 年，除西南诸河流域外，各流域生态系统土壤保持功能均呈不同程度增强。其中，变化强度最大的是黄河流域，其单位面积增量高达 10.55 t/hm²；其次是东南诸河流域和长江流域，分别为 2.01 t/hm² 和 1.61 t/hm²。从变化的绝对量来看，黄河流域增加最多，共 8.33 亿 t；其次是长江流域，增量约为 2.82 亿 t；珠江流域、海河流域和东南诸

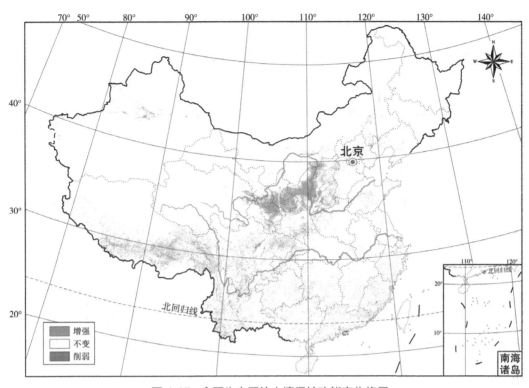

图 4.17 全国生态系统土壤保持功能变化格局

河流域则分别增加了 0.80 亿 t、0.40 亿 t 和 0.40 亿 t。从变化相对量来看，仍以黄河流域变化最大，约为 5.34%；其次是海河流域和淮河流域，分别为 0.79% 和 0.64%。

2000—2010 年，除西藏、上海、新疆和江苏，各省（区、市）生态系统土壤保持功能均呈不同程度增强。其中陕西变化强度最大，单位面积增加量多达 16.91 t/hm²；宁夏、山西、甘肃和重庆次之，分别为 11.38 t/hm²、9.31 t/hm²、7.30 t/hm² 和 6.94 t/hm²。从变化的绝对量来看，陕西变化最大，共增加 3.47 亿 t；其次是甘肃和山西，分别为 3.10 亿 t 和 1.45 亿 t；西藏减少得最多，约为 0.22 亿 t。从变化相对量来看，宁夏变化最大，共增加 14.36%；甘肃次之，增幅为 5.80%。

2000—2010 年，各典型区的生态系统土壤保持功能均呈不同程度的增强。其中以黄土高原丘陵沟壑区变化强度最大，单位面积增量高达

27.33 t/hm^2；其次是西南喀斯特地区和太行山区，分别为 2.67 t/hm^2 和 2.49 t/hm^2。从变化的绝对量来看，黄土高原丘陵沟壑区远高于其他典型区，共增加 5.75 亿 t。从变化相对量来看，仍以黄土高原丘陵沟壑区变化最大，约增加了 8.24%；太行山区次之，约为 1.03%。

3. 防风固沙变化

2000—2010 年，我国生态系统防风固沙总量呈现整体增加趋势，从 2000 年的 95.6 亿 t 增加到 2010 年的 110.68 亿 t，增幅达到 15.77%。防风固沙率呈现整体增加趋势，从 2000 年的 33.1% 增加到 2010 年的 36.5%，增幅为 10.27%。

2000—2010 年，防风固沙功能整体能力在不断提高。其中，防风固沙功能重要区面积由 2000 年的 35.56 万 km^2 增加到 2010 年的 44.08 万 km^2，增加了 8.52 万 km^2；防风固沙功能极重要区面积由 27.93 万 km^2 增加到 30.61 万 km^2，增加了 2.68 万 km^2（图 4.18）。

我国防风固沙功能的变化以改善为主，改善区域大多集中分布在鄂尔多斯高原、科尔沁沙地、内蒙古高原和准噶尔盆地、环塔里木盆地这 4 个区域，藏北高原和柴达木盆地、河西走廊也有局部改善。同时，也有部分区域防风固沙功能有所弱化，主要发生在兰州北部与武威南部之间的丘陵地带、浑善达克沙地西部与北部区域、准噶尔盆地古尔班通古特沙漠区域。

2000—2010 年，各植被区固沙功能变化明显。温带草原区、温带荒漠区和青藏高原高寒植被区固沙能力提高明显，固沙总量、单位固沙量和植被固沙效率都有所提升，其中以温带荒漠区固沙量和单位固沙量增加最多，分别为 12.38 亿 t 和 622.6 t/km^2；温带草原区次之，固沙量和单位固沙量分别增加了 2.36 亿 t 和 223.1 t/km^2。

2000—2010 年，全国大部分省（区、市）的固沙总量均呈增加趋势，内蒙古为 8.68 亿 t、甘肃为 2.96 亿 t、青海为 1.57 亿 t、陕西为 1.26 亿 t、宁夏为 1.03 亿 t。除黑龙江外，全国各省（区、市）的固沙率均表现出不同程

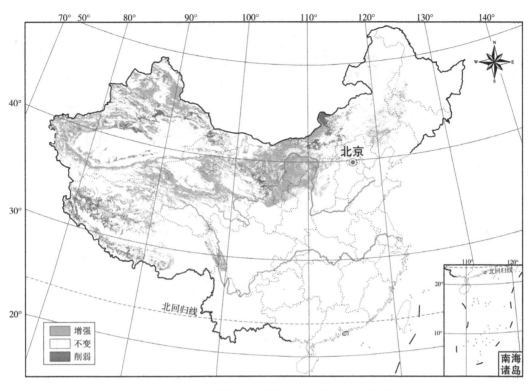

图 4.18　全国生态系统防风固沙功能变化格局

度的提高。其中以宁夏固沙率增加最明显，提高了 17.24%，增幅为 24.86%；其次，陕西为 12.67%、甘肃为 6.17%、青海为 5.36%、内蒙古为 4.85%、新疆为 4.71%。

4. 洪水调蓄变化

2000—2010 年，我国湿地生态系统洪水调蓄能力呈整体增加趋势，从 2000 年的 5 331.10 亿 m³ 增加到 2010 年的 6 007.69 亿 m³，共增加 676.59 亿 m³，增幅为 12.69%。

从全国湖泊调蓄能力来看，10 年来整体增强，由 2000 年的 2 129.40 亿 m³ 增加到 2010 年的 2 133.88 亿 m³，共增加 4.48 亿 m³，增幅为 0.21%。从全国水库调蓄能力来看，10 年来持续增强，由 2000 年的 1 807.68 亿 m³ 增加到 2010 年的 2 506.85 亿 m³，共增加 699.17 亿 m³，增幅为 38.68%。从全国沼泽调蓄能力来看，10 年来持续减小，由 2000 年的 1 394.02 亿 m³ 减小到 2010 年的 1 366.95 亿 m³，共减小 27.07 亿 m³，减幅为 1.94%。

2000—2010 年，湿地洪水调蓄能力发生退化的省（区、市）包括天津、江苏、吉林和西藏，其余省（区、市）均呈不同程度的增强。从变化的绝对量来看，湖北增加得最多，共增加 170.29 亿 m³；其次是贵州、安徽和广西，分别增加了 97.95 亿 m³、55.57 亿 m³ 和 53.45 亿 m³；西藏减少得最多，共减少 30.56 亿 m³。从变化的相对量来看，贵州变化最大，约为 359.66%；其次是陕西、重庆和福建，分别为 101.91%、96.15% 和 94.30%。

5. 固碳变化

2000—2010 年，全国生态系统年固碳量增加较多，从 2000 年的 6 706.12 Tg 增加到 2010 年的 8 276.20 Tg，增加了 23.41%。

2000—2010 年，全国生态系统碳固定功能变化空间异质性明显。总体来看，森林与灌丛分布区域，包括大兴安岭、小兴安岭、长白山、黄土高原、太行山、秦岭、横断山区、云贵高原、南岭、武夷山区等地区，生态系统固碳能力显著增强。但是草地分布区的部分区域，包括浑善达克沙地西部与北部区域、青藏高原西南大部分地区，生态系统固碳能力有所降低。

2000—2010 年，西南、东北和华东地区生态系统年固碳量增加较多，分别增加 537.02 Tg、332.28 Tg 和 200.33 Tg；其次是华南和华中地区，生态系统年固碳量分别增加 195.36 Tg 和 149.43 Tg；西北和华北地区生态系统年固碳量增加较低，分别增加 82.28 Tg 和 72.53 Tg。华北地区生态系统年固碳量增幅最大，达到 42.98%；其后是华南、华中、西南、东北和华东地区，生态系统年固碳量增幅均超过 20%；西北地区生态系统年固碳量增幅较小，为 18.90%。

2000—2010 年，全国 10 大流域生态系统固碳功能均有增加。长江流域生态系统年固碳量增加最多，为 567.08 Tg；其次为松花江流域和珠江流域，分别增加 281.18 Tg 和 258.12 Tg；海河流域、淮河流域和西北诸河流域增加较低，分别增加 45.60 Tg、14.86 Tg 和 5.68 Tg。海河、黄河和淮河流域生态系统年固碳量增幅超过 30%。固碳能力方面，东南诸河流域和珠江流域变化超过 400 $gCm^{-2}a^{-1}$，而黄河流域、淮河流域和西北诸河流域固碳能力变化均小于 100 $gCm^{-2}a^{-1}$。

2000—2010 年，生态系统碳汇功能增加的省（区、市）为 30 个，年固碳量增加前 5 位为云南、四川、黑龙江、广西和贵州，增加量分别为 165.38 Tg、163.92 Tg、147.53 Tg、110.90 Tg 和 88.61 Tg。生态系统年固碳量增加幅度依次为山西 68.41%、宁夏 65.84%、河北 42.87% 和河南 35.10%。生态系统固碳能力增加以福建最高，为 561.70 $gCm^{-2}a^{-1}$；此外贵州、广西、浙江、云南、广东、江西、重庆、吉林、四川、湖南、黑龙江和湖北生态系统固碳能力增加量均超过 300 $gCm^{-2}a^{-1}$。

6. 生物多样性变化

2000—2010 年，物种的 6 类自然生境中，面积增加的生境只有水体，水体增加了 5 378.9 km^2，增加比例 2.70%。天然林减少面积最多，共减少 134 219.1 km^2，减少比例达 9.95%，灌丛、草甸、草原和沼泽生态系统总面积均有所下降。灌丛面积减少了 11 731.1 km^2，减少比例 1.67%；其次是草甸，面积减少 4 554.6 km^2，减少比例 0.77%；草原面积减少 11 397.1 km^2，减少比例 0.5%；沼泽面积减少 4 800.6 km^2，减少比例 3.07%。

2000—2010 年，自然生境面积增加最大的是贵州省，共增加 5 977.1 km^2，增加比例为 5%；其次为陕西、甘肃，生境面积分别增加了 4 343.7 km^2、3 231.3 km^2。生境退化最多的是新疆、内蒙古、福建，面积分别减少 17 521.5 km^2、2 499.5 km^2、1 654.5 km^2。

2000—2010 年，7 大地理区的自然生境总体呈上升趋势，仅有西北和东北地区的自然生境面积有所下降。自然生境面积增加最大的是西南，达到 8 250.7 km^2，其后依次为华东、华南、华中和华北。考虑区域面积因素，自然生境面积增加最明显的区域是华东，为 0.55%。

2010—2015 年，全国各项生态系统服务功能总体持续稳定提升。全国生态系统土壤保持总量增加 0.46%，生态系统防风固沙总量增加 0.59%，生态系统年固碳量增加 8.73%。生态系统水源涵养服务功能和洪水调蓄功能保持基本稳定。2010—2015 年，虽然部分区域自然栖息地略有减少，但生物多样性保护极重要和重要区域优、良等级的生态系统面积增幅达 42.2%，对生物多样性保护具有重要意义的区域生境质量明显改善。

第五章

生态系统保护举措及成效

我国政府高度重视生态系统保护与生态恢复，启动了退耕还林、保护天然林、生态公益林建设等多项生态系统保护与恢复工程，采取了自然保护区建设、湿地保护等一系列有利于生态系统保护与恢复的重大举措，取得了显著成效，为遏制我国生态系统退化发挥了重要作用，也为经济社会的快速发展提供了生态环境基础和保障。

一、生态系统保护举措

近 40 年来，中国进行了人类历史上规模最大的土地系统可持续性的干预活动，启动了一系列投资巨大、在国内甚至世界上都具有重要影响的生态系统保护与恢复工程：三北防护林体系建设工程、国家水土保持重点建设工程、长江中下游地区等重点防护林体系建设工程、农业综合开发项目、长江上中游水土保持重点防治工程、国家土地整治工程、天然林保护工程、退耕还林还草工程、重点地区速生丰产用材林基地建设工程、中央财政森林生态效益补偿基金工程、京津风沙源治理工程、全国野生动植物保护及自然保护区建设工程、中国 – 全球环境基金干旱生态系统土地退化防治伙伴关系项目、岩溶地区石漠化综合治理工程、草原生态保护补助奖励项目、耕地质量保护与提升工程等（Bryan，et al., 2018）。

1997 年的黄河断流、1998 年的长江水灾、2000 年的北京沙尘暴等系列事件之后，中国的可持续发展投资加速，中国启动了众多的生态建设工程，包括退耕还林还草工程和天然林保护工程，并且加速了旨在减缓和逆转荒漠化的三北防护林工程项目的投资，形成了一条 4 500 km 的绿色长城。1998—2015 年，16 个生态系统保护和恢复工程在约 624 万 km^2 的土地（中国国土面积的 65%）上共投资了 3 785 亿美元，并调动了 5 亿个劳动力（Bryan，et al., 2018）。这一努力在全球范围内都是史无前例的。这些工程给我国的自然环境与人民的生活环境带来了莫大的好处。联合国在 2015 年底才提出来 17 个可持续发展目标，而早在中国的这一系列重大工程已经致力于解决众多的可持续发展问题（图 5.1）。

这些生态系统保护与建设工程的环境目标包括缓解长江和黄河流域的土壤侵蚀及洪水灾害，在干旱的北方防治沙漠化，在西南地区治理石漠化，减少沙尘暴对首都北京及其附近地区的影响，保护天然林地，以及提高耕地生产力等（图 5.2）。

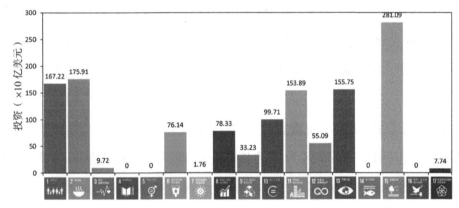

图 5.1 中国重大生态保护与建设工程投资映射到 17 个联合国的可持续发展目标的投资额
（数据来源：Bryan，et al., 2018）

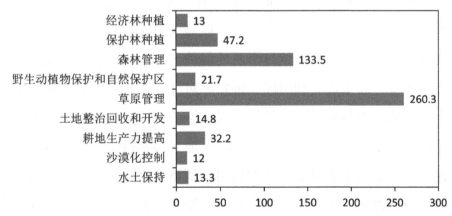

图 5.2 中国生态保护与建设重大工程覆盖面积（单位：万 km²）
（数据来源：Bryan，et al., 2018）

减贫和经济发展同等重要，特别是在中国西部。这些工程通过支付或补偿农民和牧民的方式来改善他们的生计，使得他们愿意在土地上实施可持续发展的干预措施（如退耕还林）；同时将一部分农村人口转移到城市从事非农职业，从而提高他们的家庭收入，并减轻土地的生态压力。

二、典型生态系统保护与恢复工程

（一）天然林资源保护工程

天然林资源保护工程是我国针对生态环境不断恶化的趋势做出的果断决策，是我国6大林业重点工程之一。天然林资源保护工程从1998年开始试点，2000年10月，国务院正式批准了《长江上游黄河上中游地区天然林资源保护工程实施方案》和《东北内蒙古等重点国有林区天然林资源保护工程实施方案》，标志着我国又一项重大生态建设工程正式实施。天然林资源保护工程实施范围包括以三峡库区为界的长江上游地区、以小浪底库区为界的黄河上中游地区和东北、内蒙古、新疆、海南重点国有林区，覆盖我国17个省（区、市），以国有森工企业为实施单位。

天然林资源保护工程以从根本上遏制生态环境恶化，保护生物多样性，促进社会、经济的可持续发展为宗旨；以对天然林的重新分类和区划，调整森林资源经营方向，促进天然林资源的保护、培育和发展为措施，以维护和改善生态环境，满足社会和国民经济发展对林产品的需求为根本目的。对划入生态公益林的森林实行严格管护，坚决停止采伐；对划入一般生态公益林的森林，大幅度调减森林采伐量。同时，加大森林资源保护力度，大力开展营造林建设；加强多资源综合开发利用，调整和优化林区经济结构；以改革为动力，用新思路、新办法，广辟就业门路，妥善分流安置富余人员，解决职工生活问题；进一步发挥森林的生态屏障作用，保障国民经济和社会的可持续发展。

1. 工程范围

天然林资源保护工程的实施范围包括长江上游、黄河上中游地区和东北、内蒙古等重点国有林区，具体范围是：长江上游地区以三峡库区为界，包括云南、四川、贵州、重庆、湖北、西藏6省（区、市）；黄河上中游地区以小浪底库区为界，包括陕西、甘肃、青海、宁夏、内蒙古、山西、河南7省（区）；东北和内蒙古等重点国有林业包括吉林、黑龙江、内蒙古、海南、新疆5省（区）。工程区共涉及17个省（区、市），734个县、167个森工局（场）。

2. 工程目标

近期目标（到2000年）：以调减天然林木材产量、加强生态公益林建设与保护、妥善安置和分流富余人员等为主要实施内容。全面停止长江、黄河中上游地区划定的生态公益林的森林采伐；调减东北、内蒙古国有林区天然林资源的采伐量，严格控制木材消耗，杜绝超限额采伐。通过森林管护、造林和转产项目建设，安置因木材减产形成的富余人员，将离退休人员全部纳入省级养老保险社会统筹，使现有天然林资源初步得到保护和恢复，缓解生态环境恶化趋势。

中期目标（到2010年）：以生态公益林建设与保护、建设转产项目、培育后备资源、提高木材供给能力、恢复和发展经济为主要实施内容。基本实现木材生产以采伐利用天然林为主向经营利用人工林方向的转变，人口、环境、资源之间的矛盾基本得到缓解。

远期目标（到2050年）：天然林资源得到根本恢复，基本实现木材生产以利用人工林为主，林区建立起比较完备的林业生态体系和合理的林业产业体系，充分发挥林业在国民经济和社会可持续发展中的重要作用。

3. 工程实施的原则

天然林资源保护工程是一项庞大的、复杂的社会性系统工程。实施要坚持以下原则。

（1）量力而行的原则。天然林保护工程的实施需要大量的财力和物力作保证，要根据我国国民经济发展状况和中央的财力来安排工程的进度和范围，并且各项基础工作要跟上工程进度，如种苗基地建设要跟上营林造林建设任务等；否则，就会因为资金不足或基础工作跟不上而影响整个工程进度和质量。各实施单位因木材停产或大幅度减产，使大批伐木工人成为富余人员，需要转产安置，并且对依靠木材生产经营作为财政收入主要来源的单位造成危机，使原本就负债累累的企业雪上加霜，所以各实施单位也要根据实际情况，量力而行。

（2）突出重点的原则。要把那些生态比较脆弱，天然林又相对集中，且正在受到破坏，对区域环境、经济和社会可持续发展具有重大影响的地区，作为工程的重点。这样，首先就要对我国大江大河源头、库湖周围、水系干支流两侧及主要山脉脊部等地区实施重点保护。先期启动的省（区、市）有位于长江、黄河中上游的云南省、贵州省、四川省和重庆市，东北、内蒙古主要国有林区以及典型热带林的海南省林区。突出重点还体现在打破了现有行政区界限，以水系和山脉为重点单元。对集中连片、形成适度规模、便于集中管护和治理的地区，实施重点突破，整体推进。建立重点试验示范区，探索有效途径，积累实践经验，研究理论问题，推广实用科学技术。

（3）事权划分的原则。事权划分就是指按照现行财政体制，根据实施主体的隶属关系和行业性质进行划分，主要体现在投资和相关配套政策上中央与地方的关系。工程实施的主体有3种类型：①实施主体隶属于地方，如南方许多工程县，投资和配套相关政策主要以地方为主；②实施主体隶属于中央，但利税等归地方，如东北、内蒙古国有森工企业局，投资和相关配套政策上由中央和地方共同负责；③实施主体直属于中央，如大兴安岭森工集团，投资和相关配套政策上由中央全部负责。

（4）工程实施地方负全责的原则。国家林业主管部门受国务院委托，行使中央的监管权力，负责工程实施的指导、检查、监督、协调和调控。指导就是根据国家的大政方针，对工程实施的有关原则、政策、法规、办法、规程等进行指示和指点，并加以引导，从而保证工程顺利地进行；检查就是依据相关政策、法规和一定的办法、标准对工程实施任务完成的数量、质量和资金的使用等有关问题进行核查，及时纠正工程实施中出现的问题，总结成功经验，及时推广；监督就是对工程实施进行察看和督促，保证工程按照规划和统一部署要求实施；协调就是使工程实施单位与中央要求配合得当，促进工程上下一致，全面推进；调控就是根据工程实施的情况，从政策、资金和项目上对工程实施单位进行调节控制，引导工程实施的重点，规范工程实施行为。国家林业主管部门作为工程实施的领导主体负有领导责任。地方林业部门负责工程的具体组织实施，包括工程实施的规划、任务的落实和完成、资金项目的管理等，地方工作的态度、方式、方法等直接影响到工程实施的效果，因此，地方作为工程实施的责任主体，应对工程的实施负全部责任。

（5）森工企业由采伐森林向营造林转移的原则。国有林区的开发建设是与新中国建设和国民经济的发展紧密联系在一起的。森工企业的建立担负着满足国家建设对木材需要的重任，由于当时的国民经济建设的需要和对森林生态功能认识不足，多年来森工企业一直以森林采伐为主。天然林资源保护工程的实施，使企业失去了劳动对象，因此要转变企业的经营思想，充分发挥森林的多种效益，由采伐森林向营造林转变，企业职工大多数由采伐转向森林管护与营造林。

（二）退耕还林工程

1999 年，退耕还林工程进行试点，2000 年颁布的《中华人民共和国森林法实施条例》第二十二条规定：25 度以上的坡耕地应当按照当地人民政府制定的规划，逐步退耕，植树种草。退耕还林工程主要包含水土流失、风沙危害严重的重点地区。试点范围涉及长江上游的云南、贵州、四川、重庆、湖北和黄河上中游地区的山西、河南、陕西、甘肃等 12 个省（区、市）及新疆生产建设兵团。退耕还林从 1999 年试点以来，到 2002 年工程正式全面启动，其范围扩大到湖南、黑龙江、四川、陕西、甘肃等 25 个省（区、市）和新疆生产建设兵团。1999—2006 年，中央累计投入 1 303 亿元，共安排退耕地造林任务 926.4 万 hm^2、配套荒山荒地造林任务 1 367.9 万 hm^2 和封山育林任务 133.3 万 hm^2（国家林业局退耕还林办公室，2007）。退耕还林工程的全面实施，是我国垦殖史上首次成功实现的重大转折，改写了"越垦越穷、越穷越垦"的历史，取得了显著的生态效益和一定的经济效益，并在解决"三农"问题和建设社会主义新农村中发挥了不可估量的作用，工程建设得到了各级政府和亿万农民的拥护和支持。目前，工程建设中还存在一些问题，特别是需要尽快完善政策，巩固工程建设成果，继续稳步推进工程建设，为构建和谐社会、建设社会主义新农村做出更大的贡献。

1. 背景与目标

20 世纪 90 年代后期，我国粮食有节余，加上财政能力的增强，为实施退耕还林工程创造了条件（王闰平，等，2006）。

退耕还林工程增加了植被覆盖 3 200 万 hm^2，其中，1 470 万 hm^2 是有坡耕地还林还草的（欧阳志云，2007），其余 1 730 万 hm^2 是配套的荒地造林。退耕还林的准则是西北地区坡度大于 15 度、其他地区坡度大于 25 度的坡耕地可以纳入退耕还林范围。退耕还林工程除了恢复生态环境外，还有扶贫和促进农村经济发展两个辅助目标（徐晋涛，等，2002）。

1999 年，退耕还林工程在四川、陕西、甘肃开始试点，2000 年扩大到 17 个省（区、市），2002 年扩大到 25 个省（区、市），退耕还林工程的重点在西部（欧阳志云，2007；王闰平，等，2006）。

2. 补偿标准

退耕还林工程在长江上游和黄河中上游地区分别给农户每年补偿粮食 2 250 kg/hm^2 和 1 500 kg/hm^2，或者分别为 3 150 元 /hm^2 和 2 100 元 /hm^2。此外，每年补贴 300 元 /hm^2 管理费，一次性补贴苗木 750 元 /hm^2（Feng

Z，et al.，2005；徐晋涛，等，2004）。补偿期限取决于还林还草类型：退耕还草补偿 2 年，退耕造果树等经济林补偿 5 年，退耕造生态林补偿 8 年（徐晋涛，等，2004）。对退耕地免征税（Xu Jet，al.，2006）。到 2005 年，退耕还林工程总完成投入 900 亿元。到 2010 年，退耕还林工程计划总投入达到 2 200 亿元。

（三）生态公益林保护工程

森林是陆地生态系统的主体，具有保持水土、防风固沙、涵养水源、改善环境、净化空气等巨大的生态效益，已举世公认。世界各国纷纷调整各自的发展战略，把以经营、培育和保护森林为主要对象的林业作为经济发展格局中具有举足轻重地位的公益事业，并被确定为优先发展和援助的领域。我国也于 2001 年建立了森林生态效益补偿基金，专项用于重点公益林的保护和管理。

1. 生态公益林建设

（1）生态公益林类型：生态公益林根据保护程度的不同划分为重点保护的生态公益林（简称重点公益林）和一般保护的生态公益林（简称一般公益林），并分别按照各自的特点和规律确定其经营管理体制和发展模式，以充分发挥森林的多种功效。

重点公益林：将大江大河源头、干流、一级支流及生态环境脆弱的二级支流中的第一层山脊以内的范围，大型水库、湖泊周围和高山陡坡、山脉顶脊部位及破坏容易恢复难的森林划定为重点公益林，主要包括以水源涵养林和水土保持林等为主的防护林，以国防林、母树林、种子园和风景林为主的特种用途林。对重点公益林区实行禁伐，禁止对所有天然林及人工林的采伐。实行重点投入，集中治理区域内的水土流失，加快治理速度，优先安排坡耕地的还林建设，以封山育林为主，人工造林、人工促进天然更新多种方式相结合，加快宜林地的造林绿化进程。重点公益林管护要根据森林生态系统自身的生物学特性和在维持生态平衡中的作用，建立森林生态系统管护区，采取有效措施保持生态公益林系统的自然性和完整性。积极恢复和保护现有天然林资源，强化森林生态系统自身的调节能力，努力扩大生态公益林的防护能力，充分发挥其在自然环境中的平衡作用，不断减少自然灾害的危害，促进生态系统和生活环境的良性循环，以确保国土的长治久安和水利枢纽工程的长期效能。

一般公益林：将集生态需求与持续经营利用于一体的生态公益林划定为一般公益林，实施一般性保护。根据可采资源状况，进行适度的经营择伐及抚育伐，以促进林木生长及提高林分质量。一般公益林管护要采取生物资源管护实验区的管理方式，坚持因地制宜、用地养地、丰富物种、综合治理、稳产高效的建设方针，在加强森林资源保护管理的同时，积极开展科学研究、大力发展生物资源、合理进行森林多资源的开发利用，实现林业经济社会和生态环境的可持续发展。

（2）生态公益林重点保护体系：我国西南、西北、东北、内蒙古自治区的九大重点国有林区和海南省林区的天然林资源，集中分布于大江大河的源头和重要山脉的核心地带，占我国天然林资源总量的33%左右。这些森林是长江、黄河、澜沧江、松花江等大江大河的发源地，是三江平原、松嫩平原两大粮仓和呼伦贝尔草原牧业基地的天然屏障，是三峡水利枢纽工程等水利设施的天然蓄水库，是祁连山、阿尔泰山、天山地区农牧业生产和人民生活用水的源泉，是我国野生动植物繁衍栖息的重要场所和生物多样性保护重要的基因库。由此构成了我国生态公益林重点保护体系。

长江中上游保护体系建设：主要是加强长江中上游及其发源地周围和主要山脉核心地带现有天然林资源的保护，积极营造水源涵养林和水土保持林，以涵养和改善长江中上游的水文状况，减缓地表径流，护岸固坡，防止水土流失。该体系建设的重点是保护好三峡库区及其上游的原始林和生态脆弱地区的天然林资源，同时加强营造林工程建设，增加林草植被，以减轻水土流失、泥沙淤积对水利工程的危害和威胁，充分发挥三峡水利枢纽工程等水利设施的长期效能。

黄河中上游保护体系建设：主要是加强黄河中上游及其发源地周围现有天然林资源的保护，积极营造水源涵养林和水土保持林，以涵养和改善黄河中上游的水文状况，缩短黄河断流时间和减少断流次数，减缓地表径流，护岸固坡，防止水土流失。该体系建设的重点是保护好小浪底工程区及其上游的原始林和生态脆弱地区的天然林资源，同时加强营造林工程建设，增加林草植被，以减轻水土流失、断流、泥沙淤积对小浪底工程的危害和威胁，充分发挥小浪底水利枢纽工程等水利设施的长期效能。

澜沧江、南盘江流域保护体系建设：主要是转变国有林区森工采伐企业的生产经营方向，停止天然林资源的采伐利用，并加以恢复和保护，大力营造水源涵养林和水土保持林，以改善澜沧江、元江、南盘江等江河流域发源地的水文状况，减少水土流失，防灾减灾。

秦巴山脉核心地带保护体系建设：主要是保护好分布于黄河流域及秦岭山脉核心地带和巴颜喀拉山高山峡谷地带的天然林资源，大力营造水土保持林和水源涵养林。建设重点是在各支流的上游及沟头经营水源涵养林，在干流和支流两岸及陡峭的沟坡上营造护岸固坡林，以增强林草植被的蓄水保土功能，减缓雨水冲刷，减少泥沙含量，同时涵养水源，调节水的小循环，减少黄河断流次数和缩短断流天数。

三江平原农业生产基地保护体系建设：该区域的森林主要分布在黑龙江、松花江、牡丹江等江河流域两岸及其发源地和小兴安岭、张广才岭、长白山等山脉的核心地带。其经营目标是在强化现有天然林保护的同时，积极营造水源涵养林和水土保持林，以调节地表径流，固土保肥，涵养水源，防止泥石流和山洪暴发，减少自然灾害的发生，提高粮食产量。

松嫩平原农田保护体系建设：主要是指松花江、嫩江冲积平原周围的生态公益林建设，以改善区域生态环境，减少水土流失，保护耕地，抵御水涝、干旱、盐碱、干热风等自然灾害，提高粮食产量。

呼伦贝尔草原基地保护体系建设：主要经营目标是呼伦贝尔草原牧场的水源涵养和防风固沙。加强森林资源的保护与发展，提高林草植被覆盖率，保护草原，遏制土地沙化和荒漠化扩展，是提高和恢复土地生产力，保障该地区牧业稳产高产的一项重要措施。

天山、阿尔泰山水源保护体系建设：主要经营方向是保护和营造水源涵养林、水土保持林和防风固沙林，加强生态公益林建设，保障该地区农牧业生产和人民生活用水，改善生存环境，提高生活质量。

海南省热带雨林保护体系建设：经营目标是保护、恢复和发展现有的热带林，提高林分质量，同时起到防治风蚀和涵养水源的作用，保护岛屿特有基因资源，控制水土流失，提高抵御自然灾害的能力，为生态旅游和科学实验创造条件。

2. 森林生态效益补偿基金

2001 年，中央财政建立森林生态效益补偿基金，专项用于重点公益林的保护和管理，试点范围包括河北、辽宁等 11 个省（区）。重点生态公益林是指生态地位极为重要或生态状况极为脆弱，对国土生态安全、生物多样性保护和经济社会可持续发展具有重要作用，以提供森林生态和社会服务产品为主要经营目的的重点防护林和特种用途林。重点生态公益林一般位于江河源头、自然保护区、湿地、水库等生态地位重要的区域。2004 年，中央森林生态效益补偿基金正式建立，其补偿基金数额由 10 亿元增加到 20 亿元，补偿面积由 0.13 亿 hm^2 增加到 0.26 亿 hm^2，纳入补偿范围的由 11 个省（区）扩大到全国。

中央补偿基金平均补助标准为每年 75 元 /hm^2，其中 67.5 元用于补偿性支出，7.5 元用于森林防火等公共管护支出。补偿性支出用于重点公益林专职管护人员的劳务费或林农的补偿费，以及管护区内的补植苗木费、整地费和林木抚育费；公共管护支出用于按江河源头、自然保护区、湿地、水库等区域的重点公益林的森林火灾预防与扑救、林业病虫害预防与救治、森林资源的定期监测支出。

（四）湿地保护工程

湿地是重要的国土资源和自然资源，具有多种生态功能。湿地是指不问其为天然或人工，长久或暂时之沼泽地、泥炭地或水域地带，带有或静止或流动、或为淡水、半咸水或咸水水体者，包括低潮时水深不超过 6 m 的水域。此外，湿地可以包括邻接湿地的河湖沿岸、沿海区域以及湿地范围的岛屿或低潮时水深超过 6 m 的水域。所有季节性或常年积水地段，包括沼泽、泥炭地、湿草甸、湖泊、河流及洪泛平原、河口三角洲、滩涂、珊瑚礁、红树林、水库、池塘、水稻田以及低潮时水深浅于 6 m 的海岸带等，均属湿地范畴。湿地是自然界最富生物多样性的生态景观和人类最重要的生存环境之一，它不仅为人类的生产、生活提供多种资源，而且具有巨大的环境功能和效益，在抵御洪水、调节径流、蓄洪防旱、控制污染、调节气候、控制土壤侵蚀、促淤造陆、美化环境等方面有其他系统不可替代的作用，被誉为"地球之肾"，受到全世界范围的广泛关注。

为了实现我国湿地保护的战略目标，2003 年国务院批准了由国家林业局等 10 个部门共同编制的《全国湿地保护工程规划》（2004—2030 年），2004 年 2 月由国家林业局正式公布。该《规划》打破了部门界限、管理界限和地域界限，明确了到 2030 年，我国湿地保护工作的指导原则、主要任务、建设布局和重点工程，对指导开展中长期湿地保护工作具有重要意义。《规划》明确将依靠建立部门协调机制、加强湿地立法、提高公众湿地保护意识、加强湿地综合利用、加大湿地保护投入力度、加强湿地保护国际合作和建立湿地保护科技支撑体系，保证规划各项任务的落实。

1．总体目标

到 2030 年，使全国湿地保护区达到 713 个，国际重要湿地达到 80 个，使 90% 以上天然湿地得到有效保护。完成湿地恢复工程 140.4 万 hm^2，在全国范围内建成 53 个国家湿地保护与合理利用示范区。建立比较完善的湿地保护、管理与合理利用的法律、政策和监测科研体系。形成较为完整的湿地区保护、管理、建设体系，使我国成为湿地保护和管理的先进国家。其中 2004—2010 年的 7 年间，要划建湿地自然保护区 90 个，投资建设湿地保护区 225 个，其中重点建设国家级保护区 45 个，建设国际重要湿地 30 个，油田开发湿地保护示范区 4 处，富营养化湖泊生物治理 3 处；实施干旱区水资源调配和管理工程 2 项，湿地恢复 71.5 万 hm^2，恢复野生动物栖息地 38.3 万 hm^2；建立湿地可持续利用示范区 23 处，实施生态移民 13 769 人；进行科研监测体系、宣传教育体系和保护管理体系建设。

2. 建设布局和分区重点

《全国湿地保护工程规划》将全国湿地保护按地域划分为东北湿地区、黄河中下游湿地区、长江中下游湿地区、滨海湿地区、东南华南湿地区、云贵高原湿地区、西北干旱湿地区以及青藏高寒湿地区，共计 8 个湿地保护类型区域。根据因地制宜、分区施策的原则，充分考虑各区主要特点和湿地保护面临的主要问题，在总体布局的基础上，对不同的湿地区设置了不同的建设重点。同时，依据生态效益优先、保护与利用结合、全面规划、因地制宜等建设原则，《规划》安排了湿地保护、湿地恢复、可持续利用示范、社区建设和能力建设等 5 个方面的重点建设工程。

（1）东北湿地区：位于黑龙江、吉林、辽宁及内蒙古东北部，以淡水沼泽和湖泊为主，总面积约 750 万 hm^2。三江平原、松嫩平原、辽河下游平原、大兴安岭、小兴安岭山地、长白山山地等是我国淡水沼泽的集中分布区。该区域湿地面临的主要问题是过度开垦，使天然沼泽面积减少。该区建设重点为：全面监测评估该天然湿地丧失和湿地生态系统功能变化情况；通过湿地保护与恢复及生态农业等方面的示范工程，建立湿地保护和合理利用示范区，提供东北地区湿地生态系统恢复和合理利用模式；加强森林沼泽、灌丛沼泽的保护；建立和完善该区域湿地保护区网络，加强国际重要湿地的保护。

（2）黄河中下游湿地区：包括黄河中下游地区及海河流域，主要涉及北京、天津、河北、河南、山西、陕西和山东。该区天然湿地以河流为主，伴随分布着许多沼泽、洼淀、古河道、河间带、河口三角洲等湿地。该区湿地保护的主要问题是水资源缺乏，由于上游地区的截留，河流中下游地区严重缺水，黄河中下游主河道断流严重，海河流域的很多支流已断流多年，失去了湿地的意义。该区建设重点为，加强黄河干流水资源的管理及中游地区的湿地保护，利用南水北调工程尝试性地开展湿地恢复的示范，加强该区域湿地水资源保护和合理利用。

（3）长江中下游湿地区：包括长江中下游地区及淮河流域，是我国淡水湖泊分布最集中和最具有代表性的地区，主要涉及湖北、湖南、江西、江苏、安徽、上海和浙江7省（市）。该区水资源丰富，农业开发历史悠久，为我国重要的粮、棉、油和水产基地，是一个巨大的自然—人工复合湿地生态系统。湿地保护面临的最大问题是围垦等导致天然湿地面积减少，湿地功能减弱，水质污染严重，湿地生态环境退化。该区建设重点为：通过还湖、还泽、还滩及水土保持等措施，使长江中下游湖泊湿地的面积逐渐恢复，改善湿地生态环境状况，该区域丰富的湿地生物多样性得到有效保护。

（4）滨海湿地区：涉及我国东南滨海的11个省（区、市），包括杭州湾以北环渤海的黄河三角洲、辽河三角洲、大沽河、莱州湾、无棣滨海、马棚口、北大港、北塘、丹东、鸭绿江口和江苏滨海的盐城、南通、连云港等湿地，杭州湾以南的钱塘江口—杭州湾、晋江口—泉州湾、珠江口河口湾和北部湾等河口与海湾湿地。该区域湿地面临的主要问题是过度利用和浅海污染等，导致赤潮频发、红树林面积下降、海洋生物栖息繁殖地减少、生物多样性降低。该区建设重点为：评估开发活动对湿地的潜在影响和威胁，加强珍稀野生动物及其栖息地的保护，建立候鸟研究及环保基地；建立具有良性循环和生态经济增值的湿地开发利用示范区；以生态工程为技术依托，对退化海岸湿地生态系统进行综合整治、恢复与重建；调查和评估我国的红树林资源状况，通过建立示范基地，提供不同区域红树林资源保护和合理利用模式，逐步恢复我国的红树林资源。

（5）东南华南湿地区：包括珠江流域绝大部分、东南及其诸岛河流流域、两广诸河流域的内陆湿地，主要为河流、水库等类型湿地。面临的主要问题是湿地泥沙淤积，水质污染严重，生物多样性减少。该区建设重点为：加强水源地保护和流域综合治理，在河流源头区域及重要湿地区域开展植被保护和恢复措施，防止水土流失，加强湿地自然保护区建设。

（6）云贵高原湿地区：包括云南、贵州及川西高山区，湿地主要分布在云南、贵州、四川的高山与高原冰（雪）蚀湖盆、高原断陷湖盆、河谷盆地及山麓缓坡等地区。面临的主要问题是一些靠近城市的高原湖泊有机污染严重，对湿地不合理开发导致湖泊水位下降，流域缺乏综合管理，湿地生态环境退化。该区建设重点为：加强流域综合管理，保护水资源和生物多样性，进行生态恢复示范，对高原富营养化湖泊进行综合治理；通过实施宣教和培训工程，提高湿地资源及生物多样性保护公众意识。

（7）西北干旱湿地区：本区湿地可分为两个分区：一是新疆高原干旱湿地区，主要分布在天山、阿尔泰山等北疆海拔 1 000 m 以上的山间盆地和谷地及山麓平原—冲积扇缘潜水溢出地带；二是内蒙古中西部、甘肃、宁夏的干旱湿地区，主要以黄河上游河流及沿岸湿地为主。该区湿地面临的最大问题是由于干旱和上游地区的截流导致湿地大面积萎缩和干涸，原有的一些重要湿地如罗布泊、居延海等早已消失，部分地区成为"尘暴"源，荒漠干旱区的生物多样性受到严重威胁。该区建设重点为：加强天然湿地的保护区建设和水资源的管理与协调，采取保护和恢复措施缓解西部干旱荒漠地区由于人为和自然因素导致的湿地环境恶化、湿地面积萎缩甚至消失的趋势。

（8）青藏高寒湿地区：分布于青海、西藏和四川西部等，这里地势高亢，环境独特，高原散布着无数湖泊、沼泽，其中大部分分布在海拔3 500～5 500 m之间。我国几条著名的江河发源于本区，长江、黄河、怒江和雅鲁藏布江等河源区都是湿地集中分布区。面临的主要问题是区域生态环境脆弱，草场退化、荒漠化严重，湿地面积萎缩，湿地生态环境退化，功能减退。由于该区特殊的地理位置，该区湿地保护尤其是江河源区湿地的保护涉及长江、黄河和澜沧江中下游地区甚至全国的生态安全。该区建设重点为：加强保护区建设及植被恢复等措施，保护世界独一无二的青藏高原湿地。

（五）草地保护工程

2000年以来，全国先后启动了"京津风沙源治理"、"天然草原保护工程"、"退牧还草工程"、"牧草种子基地建设"等项目和工程，投资草原建设与保护经费达37.5亿元，国家资金的大量投入，使全国各地草原保护与建设明显加快，局部生态环境恶化的趋势得到初步遏制。到2003年底，内蒙古自治区全区草原禁牧、休牧面积分别达1 246万 hm^2 和1 086万 hm^2，实行划区轮牧面积达457.8万 hm^2。

"十五"生态建设和环境保护重点专项规划提出以草原保护为重点任务之一，带动我国生态建设和环境保护的全面展开。以北方牧区和青藏高原为重点的草原保护和建设，以内蒙古呼伦贝尔、锡林郭勒、鄂尔多斯，青海环湖、青南，甘肃甘南，西藏北部，四川甘孜、阿坝，新疆天山、阿勒泰等草原地区为重点，采取人工种草（灌）、飞播种草（灌）、围栏封育、划区轮牧和草地鼠虫害防治等措施，治理"三化"草地。建设节水灌溉配套设施，建立饲草饲料基地和牧草良种繁育体系，变草地粗放经营为集约经营。全面落实《草原法》和草地分户有偿承包责任制，调动广大牧民保护、建设和合理利用草场的积极性。建立草地动态监测体系和草原执法监理体系，切实禁止发菜采挖和贸易，制止毁草开荒、滥挖甘草、麻黄草等破坏植被的行为。同时，搞好南方草山、草坡的保护与建设。通过草地保护、建设和管理，提高牧业生产水平，实现草畜平衡和草场永续利用。

农业部根据《全国生态环境建设规划》编制了《全国草地生态环境建设规划》《西部天然草原植被恢复建设规划》和《全国已垦草原退耕还草规划》。"九五"期间，国家大力进行了草地建设和保护，每年人工种草、改良草场、飞播牧草近 300 万 hm²，围栏封育超过 60 万 hm²。

2000 年 6 月 14 日，国务院发布《关于禁止采集和销售发菜制止滥挖甘草和麻黄草等有关问题的通知》。国家环境保护总局、监察部和农业部联合对宁夏和广东两省（区）进行了重点检查。

为了遏制我国由于长期过牧导致的草地退化势头，推进西部大开发，改善牧区生态环境，促进草原畜牧业和经济社会全面协调可持续发展，2002 年，国家投资 12 亿元，在内蒙古、新疆、青海、甘肃、四川、宁夏、云南等省（区）和新疆生产建设兵团的 96 个重点县（旗、团场）启动了退牧还草工程。

退牧还草工程的目标原则是：①退牧还草工程是指通过围栏建设、补播改良以及禁牧、休牧、划区轮牧等措施，恢复草原植被，改善草原生态，提高草原生产力，促进草原生态与畜牧业协调发展而实施的一项草原基本建设工程项目。②各级农牧行政主管部门和工程项目建设单位应当加强草原资源保护利用和监督管理。通过工程项目的实施，进一步完善项目区草原家庭承包责任制，建立基本草原保护、草畜平衡和禁牧休牧轮牧制度；适时开展草原资源和工程效益的动态监测；搞好技术服务，积极开展饲草料贮备、畜种改良和畜群结构调整，提高出栏率和商品率，引导农牧民实现生产方式的转变；稳定和促进农牧民增加收入，使工程达到退得下、禁得住，恢复植被，改善生态的目标。③工程实施应坚持统筹规划，分类指导，先易后难，稳步推进。在生态脆弱区和草原退化严重的地区实行禁牧，中度和轻度退化区实行休牧，植被较好的草原实行划区轮牧；坚持依靠科技进步，提高禁牧休牧、划区轮牧、舍饲圈养的科技含量。推广普及牲畜舍饲圈养的先进适用技术，加快草原畜牧业生产方式转变；坚持以县（市、旗、团场）为单位确定禁牧和休牧的区域，以村为基本建设单元，集中连片，形成规模；坚持以生态效益为主，经济效益和社会效益相结合。统筹人与自然的和谐发展，实现草原植被恢复与产业开发、农牧民增收的有机统一，促进经济社会全面协调可持续发展。④根据国务院西部办、国家发展与改革委、农业部、财政部、国家粮食局联合下发的《关于下达 2003 年退牧还草任务的通知》（国西办农〔2003〕8 号）的规定：退牧还草实行"目标、任务、资金、粮食、责任"五到省，由省级政府对工程负总责。各省、自治区要将目标、任务、责任分别落实到市、县、乡各级人民政府，建立地方各级政府责任制。县级农牧部门负责具体实施。

退牧还草工程 2003 年开始实施，工程实施的目的是让退化的草原得到基本恢复，天然草场得到休养生息，从而达到草畜平衡，实现草原资源的永续利用，建立起与畜牧业可持续发展相适应的草原生态系统。

三、生态系统保护成效

生态保护与恢复工程的实施，使生态系统得到有效保护、生态问题得到遏制、生态功能显著提升。2018 年 9 月 17 日，国家统计局发布《环境保护事业全面推进　生态文明建设成效初显——改革开放 40 年经济社会发展成就系列报告之十八》（国家统计局，2018）。

报告指出，改革开放以来，国家逐步加快造林绿化步伐，加强对自然保护区保护力度，推进水土流失治理，重视建设和保护森林生态系统、保护和恢复湿地生态系统、治理和改善荒漠生态系统，全面加强生态保护和建设，国家生态安全屏障的框架基本形成。2013 年，《全国生态保护与建设规划纲要（2013—2020 年）》出台，提出到 2020 年，全国生态环境得到改善，增强国家重点生态功能区生态服务功能，生态系统稳定性加强，构筑"两屏三带一区多点"的国家生态安全屏障。随着生态保护和监管强化，生态安全屏障逐步构建，我国自然生态系统有所改善，自然保护区数量增加，森林覆盖率逐步提高，湿地保护面积增加，水土流失治理、沙化和荒漠化治理取得初步成效。

（一）林业生态建设稳步发展

根据第九次全国森林资源清查（2014—2018年）结果，全国森林面积2.20亿hm^2，森林覆盖率22.96%，活立木总蓄积190.07亿hm^2，森林蓄积175.60亿hm^2。与第一次全国森林资源清查（1973—1976年）相比，森林面积增加0.98亿hm^2，森林覆盖率提高10.26%，活立木总蓄积和森林蓄积分别增加94.75亿m^3和89.04亿m^3。2017年，全国完成造林面积736亿hm^2，比2000年增长44.2%。改革开放40多年来，我国森林资源呈现出总量增加、质量提升、结构优化的变化趋势。

（二）自然生态保护得到加强

从自然保护区建设看，2016年，全国自然保护区达2 750个，比2000年增加1 523个；自然保护区面积14 733万hm^2，比2000年增长50.00%。

从湿地资源保护看，2013年第二次全国湿地资源调查结果显示：全国湿地总面积5 360.26万hm^2（另有水稻田面积3 005.7万hm^2未计入），湿地率5.58%。纳入保护体系的湿地面积2 324.32万hm^2，湿地保护率达43.51%。我国已初步建立了以湿地自然保护区为主体，湿地公园和自然保护小区并存，其他保护形式为补充的湿地保护体系。

从水土流失治理看，2016年，全国累计水土流失治理面积12 041万hm^2，比2000年增加3 945万hm^2；新增水土流失治理面积562万hm^2，比2003年增长1.4%。

（三）荒漠化和沙化控制成效显著

第五次全国荒漠化和沙化土地监测结果显示：截至 2014 年，全国荒漠化土地面积 261.16 万 km^2，沙化土地面积 172.12 万 km^2，有明显沙化趋势的土地面积 30.03 万 km^2，实际有效治理的沙化土地面积 20.37 万 km^2，占沙化土地面积的 11.8%。与 2009 年完成的第四次全国荒漠化和沙化土地监测结果相比，全国荒漠化土地面积减少 1.21 万 km^2，沙化土地面积减少 0.99 万 km^2。与 1999 年完成的第二次全国荒漠化和沙化土地监测结果相比，全国荒漠化土地面积减少 6.24 万 km^2，沙化土地面积减少 2.19 万 km^2。荒漠化和沙化程度逐步减轻，沙区植被状况进一步好转，区域风沙天气明显减少，防沙治沙工作取得了明显成效。

第六章

强化生态系统保护的对策

我国一直以来高度重视生态系统保护和恢复，不断提升生态系统质量和功能，但受气候变化和人类活动影响，我国生态系统质量整体提升仍有较大空间，为了更好地强化生态系统保护、支撑国家生态安全屏障建设和生态安全保障，需要进一步完善以国家公园为主体的自然保护地体系，继续推进区域生态建设工程，并建立协调发展与生态保护的长效机制。

一、完善以国家公园为主体的自然保护地体系

1. 优化自然保护地空间布局

根据我国生物多样性及其他主要自然保护对象的空间分布格局，优化现有的自然保护地体系，解决边界不清、空间重叠等历史遗留问题，完善以国家公园为主体的自然保护地空间布局。使自然保护地覆盖所有重要的生态系统和国家重点保护物种，以及生物多样性和生态系统服务极为重要的区域，形成类型比较齐全、布局合理、功能完善的自然保护地体系。

2. 制定国家公园总体布局规划

根据国家公园的遴选原则，以生态地理区为基本单元，评估生态系统、旗舰物种、重要自然遗迹与自然景观等自然保护对象的国家代表性、原真性与完整性，完成国家公园总体布局。

3. 完成自然保护地优化整合

加强自然保护地顶层设计，根据国家公园、自然保护区、自然公园等不同类型自然保护地的功能定位，结合主要自然保护对象及人类活动的空间分布特征，对现有的各类自然保护地进行优化整合，优化自然保护地的边界和功能分区，解决长期以来不同类型自然保护地交叉重叠、管理目标不明确的

问题。

4. 制定自然保护地体系规划

建立以国家公园为主体、自然保护区为基础、各类自然公园为补充的自然保护地体系，优化不同类型自然保护地的空间布局，使自然保护地覆盖所有重要的生态系统和国家重点保护物种，以及生物多样性和生态系统服务极为重要的区域，形成类型比较齐全、布局合理、功能完善、陆海统筹的自然保护地体系。

5. 完善国际重要保护地布局

制定世界自然遗产、世界生物圈保护区、国际重要湿地等国际重要保护地总体发展战略，建立和完善国际重要保护地在国家层面的法律政策和管理体制；在全国范围内进行生物多样性价值评估与潜力区筛选，推动我国更多生物多样性保护关键区域进入国际重要保护地等国际重要保护地名录；科学评估国际重要保护地在生物多样性保护方面的成效，总结我国在国际重要保护地生物多样性保护方面的实践经验，积极参与国际重要保护地各项战略事务；加强与相关国际组织和非政府组织的合作与交流，开展跨国界保护合作和保护地联合申报，推动保护地全球化和网络化。

6. 优化其他类型自然保护区域布局

制定自然保护小区、社会公益保护地等其他就地保护区域的设置和管理相关技术标准或指南，为各种不同保护区域建设提供规范的方向指引和技术支持；摸清全国各类型自然保护区域的发展状况，建立完备的自然保护区域数据库；组织开展示范自然保护小区、社会公益保护地等小型保护区域建设，形成我国各级自然保护区的补充，发挥其对零星分布的具有重要保护和科研价值的野生动物栖息地、野生植物原生地和重要生态功能的保护作用。

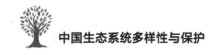

二、继续推进区域生态建设工程

参照《全国生态功能区划》，以具有重要水源涵养、防风固沙、洪水调蓄、生物多样性保护、水土保持等功能的 50 个重要生态功能区为重点，兼顾长江和黄河上游地区、喀斯特岩溶地区、黄土丘陵沟壑区、干旱荒漠区等生态脆弱区，布局区域生态建设重大工程，并运用综合生态系统管理理念，从协调地方社会经济发展与生态保护的关系出发，引导农牧民调整生产与生活方式，减少当地农牧民对森林、草地等生态系统的依赖，开展退化生态系统的恢复与重建，保护与改善生态功能。主要措施应包括：

1. 实施保护优先策略

加强对现存的森林、草地、湿地等自然生态系统的保护，严格控制开发活动，保护和提高生态功能。

2. 减少居民对自然生态系统的依赖程度

加强农业基础设施建设，提高耕地和牧草地生产力和土地生态承载力，提高粮食保障能力。同时，要重视农村能源建设，通过发展沼气，推广节柴灶，减少农民对薪柴的使用量，促进森林恢复。

3. 开展退化生态系统恢复工程

对重要生态功能区内的陡坡耕地退耕还林还草。持续推动草地畜牧业的饲养模式的转变，将放养型畜牧业逐步转变为舍饲型，提高草地畜牧业的经济效益，也可大大减少放牧对草地的压力。

三、建立协调发展与生态保护的长效机制

1. 推进教育移民，减少人口压力

我国生态保护与生态建设的重点区域，往往是经济发展落后或生态承载力很低的区域，当地社会经济发展水平低、发展潜力有限，应结合我国城镇化，大力发展教育，提高适龄人口的受教育水平，并配套相关政策，提高重要生态保护与建设区的大中专升学率，推动教育移民，从长远的角度谋划减少重要生态功能区和生态脆弱区的人口增长压力和人口数量。同时也可以为实现减少区域发展差异、让落后地区居民融入城市化、共享发展成果的目标服务。

2. 建立与完善生态补偿制度

我国实施的生态转移支付、公益林补偿等生态补偿措施，对我国的生态保护发挥了积极的作用，取得了良好的生态效益和社会效益。但目前的补偿标准过低，为生态保护付出代价的农牧民还无法得到直接资金补偿。未来几年，是进一步完善我国生态补偿制度的关键时期，建议采取如下措施：

（1）以国家重要生态功能区为重点，完善生态转移支付，提高生态转移支付的资金使用效益和生态效益。

（2）以保护生态功能为目标，以集体所有的森林、草地、湿地等生态系统为载体建立统一的生态补偿制度，将生态补偿金直接支付给与这些生态系统相关的农牧民。国有森林、草地和湿地不列入生态补偿范围。

（3）提高生态补偿标准，参考各地森林、草地、湿地的土地租金，合理提高生态补偿标准，提高农牧民的生态保护积极性。

（4）理顺生态保护与国家相关政策的关系，如，要预防林权改革中出现生态破坏的问题，建议自然保护区和重要生态功能区中的集体林不宜分林到

户；还要预防重要生态功能区内的牲畜补偿诱发牲畜数量增加和草地过牧，导致草地退化反弹的问题。

3. 推动居民的就地集中，实现改善民生与保护生态的结合

在山区受耕地的制约或历史的原因，当地农民住居分散，往往是一家一户散居在偏远的深山之中，对改善当地这些散居居民的交通、小孩教育、水电、医疗、安全等民生问题十分困难，而且成本极高，同时分散住居对生态保护也十分不利。应在尊重个人选择的前提下，推动散居居民的就地适度集中，通过制订较长远的规划和改善集中地的公共服务条件，引导居民集中居住，实现改善民生与保护生态的双赢。

4. 推进生态产品价值实现机制

摸清"生态家底"，编制生态系统资产清单，明确生态系统数量与质量特征；出台生态产品价值核算指南和技术准则，形成一套科学合理的生态产品价值核算体系，明确生态产品价值核算原则、标准以及流程等；建立生态产品价值核算统计报表制度，规范核算数据来源、调查频率及报送要求，确保核算数据的稳定性和准确性，为生态产品价值常态化核算提供制度保障；积极推动开展生态产品价值核算工作，并根据最新研究与实践，不断优化完善核算指标与方法，使生态产品价值核算体系具有广泛的代表性和较强的操作性；编制生态产品目录清单，建立生态产品大数据平台，为协调生态系统保护与区域经济发展关系提供支撑。

参考文献

蔡平，马特森，穆泥，2005.陆地生态系统生态学原理（中文版）［M］.李博，赵斌，彭容豪，等译.北京：高等教育出版社.

鄂竟平，2008.中国水土流失与生态安全综合科学考察总结报告［J］.中国水土保持，(12):3-7.

高吉喜，薛达元，马克平，等，2018.中国生物多样性国情研究［M］.北京：中国环境出版集团.

国家林业局退耕还林办公室.完善政策稳步推进巩固和发展退耕还林成果［R］.//贾治邦，2007.改革与发展：2006年林业重大问题调查研究报告.北京：中国林业出版社：119-125.

国家统计局，2018.环境保护事业全面推进生态文明建设成效初显——改革开放40年经济社会发展成就系列报告之十八［R］.［2021-04-10］.http://www.stats.gov.cn/tjsj/zxfb/201809/t20180917_1623289.html.

黄斌斌，郑华，肖燚，等，2019.重点生态功能区生态资产保护成效及驱动力研究[J].中国环境管理，11(03):14-23.

李智广，2009.中国水土流失现状与动态变化［J］.中国水利，(7):8-11.

李智广，曹炜，刘秉正，等，2008.中国水土流失现状与动态变化［J］.中国水土保持，(12):7-10.

刘淑珍，刘斌涛，陶和平，等，2013.我国冻融侵蚀现状及防治对策［J］.中国水土保持，(10):41-44.

欧阳志云，2007.中国生态建设与可持续发展［M］.北京：科学出版社.

欧阳志云，徐卫华，肖燚，等，2017.中国生态系统格局、质量、服务与演变[M].北京：科学出版社：6.

欧阳志云，张路，吴炳方，等，2015. 基于遥感技术的全国生态系统分类体系［J］. 生态学报，35(2):219-226.

孙鸿烈，2005. 中国生态系统［M］. 北京：科学出版社.

孙鸿烈，2011. 中国生态问题与对策［M］. 北京：科学出版社.

童立强, 刘春玲, 聂洪峰，2013. 中国南方岩溶石山地区石漠化遥感调查与演变研究［M］. 北京：科学出版社.

王佳丽，黄贤金，钟太洋，等，2011. 盐碱地可持续利用研究综述［J］. 地理学报，66(5):673-684.

王礼先，孙保平，余新晓，2003. 中国水利百科全书：水土保持分册［M］. 北京：中国水利水电出版社.

王闰平，陈凯，2006. 中国退耕还林还草现状及问题分析［J］. 中国农学通报，22（2）：404-409.

王世杰，2002. 喀斯特石漠化概念演绎及其科学内涵的探讨［J］. 中国岩溶，(2):101-105.

王苏民, 窦鸿身，1998. 中国湖泊志［M］. 北京：科学出版社.

肖荣波，欧阳志云，王效科，等，2005. 中国西南地区石漠化敏感性评价及其空间分析［J］. 生态学杂志 (5):551-554.

肖洋，欧阳志云，王莉雁，等，2016. 内蒙古生态系统质量空间特征及其驱动力 [J]. 生态学报，36(19):6 019-6 030.

徐晋涛，曹轶瑛，2002. 退耕还林还草的可持续发展问题［J］. 国际经济评论，2: 56-60.

徐晋涛，陶然，徐志刚，2004. 退耕还林：成本有效性、结构调整效应与经济可持续性——基于西部三省农户调查的实证分析［J］. 经济学 (季刊)，4: 139-162.

杨劲松，2008. 中国盐渍土研究的发展历程与展望［J］. 土壤学报 (5):837-845.

中国科学院生态环境研究中心，2016. 中国生态系统评估与生态安全格局数据库［OL］.http://www.ecosystem.csdb.cn.

中国湿地植被编辑委员会，1999.中国湿地植被［M］.北京：科学出版社.

朱震达，崔书红，1996.中国南方的土地荒漠化问题［J］.中国沙漠，(4):4-10.

BRYAN B A, GAO L, YE Y Q, et al.，2018. China's response to a national land-system sustainability emergency［J］. Nature, 559: 193-204.

DING Z, LI R, O'CONNOR P， et al.，2021. An improved quality assessment framework to better inform large-scale forest restoration management[J]. Ecological Indicators，123: 107370.

FENG Z, YANG Y, ZHANG Y, et al.,2005. Grain-for-green policy and its impacts on grain supply in West China［J］.Land Use Policy, 22:301－312.

HUANG BINBIN, LI RUONAN, DING ZHAOWEI, et al.，2020.A new remote-sensing-based indicator for integrating quantity and quality attributes to assess the dynamics of ecosystem assets[J]. Global Ecology and Conservation，22: e00999.

MURRAY N J, PHINN S R, DEWITT M, et al.,2019. The global distribution and trajectory of tidal flats［J］. Nature, 565(7738), 1.

PIMENTEL D，HARVEY C，RESOSUDARMO P，et al.，1995. Environmental and economic costs of soil erosion and conservation benefits［J］. Science, 267(5201):1117-1123.

XU J, YIN R, LI Z, et al., 2006. China's ecological rehabilitation[J]. Ecological Economics, 57:595－607.

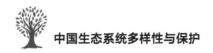
Abstract

Ecosystems provide a variety of services, such as products (e.g., fertile soil, clean water, quality wood, and safe food) and living environment (e.g., reducing the spread of diseases, mitigating floods, and alleviating drought), which maintain the mild climate for humans by regulating the concentration of oxygen and carbon dioxide in the global atmosphere, and provide places for human entertainment or to satisfy their experiences and perceptions of aesthetics. Ecosystem services are the foundation of human survival and development.

However, owing to unrestrained demands of human for food and wood from the natural ecosystems, ecosystem services have been impaired and damaged severely, leading to a series of ecological and environmental problems, such as the deterioration of air and water quality, abnormal climate change, and land degradation, some of which are even irreversible. Therefore, actions must be taken to protect the ecosystem, to improve the ecosystem services, and promote the sustainable development of the regional economy and society.

1.Ecosystem types and distribution

China has a vast territory area with diverse ecosystems, including forests, shrubs, grasslands, deserts, wetlands, oceans, farmlands and towns. The complexity of climate, topography and soil conditions would favor the development of the diversity of various ecosystem structures and functions of China. The average annual temperature of the whole country is affected by latitude and altitude. The temperature in the eastern region increases from north to south, spanning five climatic zones: cold temperate zone, temperate zone, warm

temperate zone, subtropical zone and tropical zone. The western region shows a gradient distribution from alpine cold zone of Qinghai-Tibet Plateau to subtropical zone. The terrain is also complex, including plains, plateaus, mountains, hills and basins. The Qinghai-Tibet Plateau is cut into basins of different sizes by crisscross mountains. Rivers are dense in the east and south, ice lakes are numerous in the north, and arid basins are dominant in the west. Under the comprehensive influence of climate, topography and parent materials, 12 soil types were formed. The distribution of acid soils, calcareous soils and saline alkali soils according to water gradient also indicates the spatial distribution pattern of forests, grasslands and deserts in China.

Among the natural ecosystems, the total area of forest ecosystems is 1.92 million square kilometers, which is mainly distributed in the humid and semi humid areas of eastern China. The total area of broad-leaved forest ecosystems is 944,200 square kilometers, and that of coniferous forest ecosystems is 884,200 square kilometers, accounting for 49.17% and 46.05% of the total area of forest ecosystems respectively. The spatial distribution of shrub ecosystems is similar to that of forests, with an area of 676,100 square kilometers. Broad leaved shrub is the dominant type, accounting for 88.79% of the total shrub area.

Grassland ecosystems cover an area of 2.78 million square kilometers, accounting for 28.92% of China's land areas. It is the largest primary ecosystem type in China, mainly distributed in arid and semi-arid areas with annual rainfalls of less than 400 mm, mountainous areas in humid and semi humid areas in the south and east, and coastal zones in the east and south. Desert ecosystems cover an area of 1.36 million square kilometers, mainly distributed in the northwest arid region and the Northern Qinghai-Tibet Plateau, as well as Xinjiang and Western Inner Mongolia.

Wetland ecosystems include swamps, lakes and rivers. It is mainly distributed in the Sanjiang Plain, middle and lower reaches of the Yangtze River, Yunnan-Guizhou Plateau, Qinghai-Tibet Plateau and coastal areas, covering an area of 353, 800 square kilometers, accounting for 3.69% of China's land area. Although the area proportion is small, wetland plays an important role in maintaining regional ecosystem stability.

China's sea area covers three climatic zones: temperate zone, subtropical zone and tropical zone, including the Bohai Sea, Yellow Sea, East China Sea, South China Sea and the Pacific Ocean east of Taiwan. The sea area covers an area of 3 million square kilometers, including nine types of marine ecosystems: estuary, bay, shallow sea, continental slope, upwelling, deep sea, mangrove forest, coral reef and hot spring.

The artificial ecosystems include farmlands and towns. The farmland ecosystem is mainly distributed in the Northeast Plain, North China Plain, middle and lower reaches of the Yangtze River Plain, Pearl River Delta, Sichuan Basin and other regions, including farmlands, ridges, gardens, farmland forest networks, irrigation canals and so on. The total area is 1.79 million square kilometers, accounting for 18.68% of China's land area. The total area of urban ecosystem is 294,700 square kilometers, mainly distributed in the Yangtze River Delta, Pearl River Delta, Beijing, Tianjin Hebei and other densely populated areas.

From 2000 to 2015, China's ecosystem changes show two major characteristics. Firstly, the ecological protection and restoration project at the national scale has achieved positive results, namely, the overall increase of forest ecosystem area, but the problem of swamp shrinkage is still serious. Secondly, the process of urbanization continues to advance. The urban ecosystem is the type with the largest change in the total area, and the main process is the occupation

of farmland by urban construction. This phenomenon is particularly prominent in the Yangtze River Delta, Henan and other key urbanization areas. While on the contrary, in the Northeast Sanjiang Plain, Xinjiang Tarim River Basin and other remote areas, farmland expansion is obvious.

2.Main ecological problems

China is one of the countries with relatively fragile eco-environment in the world. Due to the geographical conditions such as climate and landforms, different types of ecological fragile areas have been formed, such as the arid desert area in the northwest, the alpine region of the Qinghai-Tibet Plateau, the Loess Plateau, the karst area in the southwest, the southwest mountain area, the southwest dry-hot valley region, and the northern agro-pastoral region. Ecological problems such as soil erosion, land desertification, rocky desertification, and salinization are serious. Meanwhile, the long history of development and huge population pressure have severely damaged and degraded the ecosystem.

The total area of soil erosion across the country is 4.847 4 million square kilometers, accounting for about 50.49% of the total land area. The annual economic loss caused by soil erosion to China is equivalent to 3.5% of the total GDP, which severely restricts the development of economy and society. The total water erosion area accounts for about 16.0% of China's land area. The erosion intensity is mainly light, accounting for 62.9% of the total area of erosion; moderate, severe, the more severe and the extremely severe erosion areas account for 17.1%, 6.9%, 5.9% and 7.2% of the total erosion area respectively. The spatial heterogeneity of water erosion in China is obvious, and the distribution of erosion is highly concentrated. The extremely severe erosion mainly occurred in the Loess Plateau and parts of Sichuan and Yunnan. The area of wind erosion in China is 1.942 million square kilometers. Among them, the extremely severe wind

erosion area reaches 443,000 square kilometers, which accounts for the largest proportion. The area of severe and the more severe wind erosion is 285,000 square kilometers. Wind erosion occurs in the north of the Yellow River, central and eastern northwest, and Qinghai-Tibet Plateau,the extremely severe area is mainly distributed in deserts and the Gobi Deserts. The total area of freeze-thaw erosion in China accounts for 17.97% of the country's land area. Freeze-thaw erosion is dominated by light and moderate erosion, and the area of extremely severe erosion is very small and concentrated, mainly distributed in the Qinghai-Tibet Plateau, Tianshan Mountains, Altai Mountains and Greater Khingan Mountains.

China has a large area of desertified land, mainly with extremely severe and severe grades. The desertified land area in China accounts for about 20.15% of the total land area, mainly distributed in the west, the northwest, and some parts of the north and the northeast. Among them, the desert/Gobi area accounts for 43.86%, mainly distributed in the Tarim Basin, Junggar Basin, Qaidam Basin, Inner Mongolia Plateau and other areas where deserts are concentrated. The extremely severe desertification area accounts for 9.58% of the desertified land area, mainly distributed in the Qiangtang Plateau and western Inner Mongolia. In addition, the area of severe desertification accounts for 32.05% of the desertified land area, and the area of moderate desertification accounts for 7.47% of the desertified land area.

The rocky desertification problems in China are mainly distributed in the karst areas of Provinces like Guizhou, Yunnan, Guangxi, Sichuan, Hunan, Guangdong, Chongqing and Hubei. In 2015, the total area of rocky desertification was 95,700 square kilometers, accounting for 4.9% of the total area of the 8 provinces and cities. The degree of rocky desertification is mainly moderate and light. The moderate rocky desertification area accounts for about 41.7% of the

total rocky desertification area, and the light rocky desertification area accounts for about 53.2%. The area of severe rocky desertification accounts for about 5.1%, mainly in Guizhou, Yunnan, Guangxi and other provinces.

According to the second national soil survey data, the total area of saline soil in China is about 36 million hectares, accounting for 4.88% of the country's available land area. The salinize soil is mainly distributed in the northwest, north, northeast and coastal areas, mainly in the arid and semi-arid areas of the west, the North China Plain, the Huang-Huai-Hai Plain and other regions. A large amount of saline soil also occurs in the cultivated land. The salinized area of cultivated land is 9.209 million hectares, accounting for 6.62% of the country's cultivated land. Among them, the area of saline soil in the six western provinces (Shaanxi, Gansu, Ningxia, Qinghai, Inner Mongolia, and Xinjiang) accounts for 69.03% of the country.

3.Ecosystem quality and services

The overall quality of ecosystems in China is not at a high level in 2015. The overall quality of forest ecosystem is low, and the proportion of excellent and good grade area is 9.02% and 18.93% respectively. The areas with high forest ecosystem quality are mainly distributed in the Greater Khingan Range, Lesser Khingan Mountain, Qinling-Daba Mountain, Hengduan Mountain, southern Tibet, Nanling Mountain, Wuyi Mountain, mountainous area in central and southern Hainan and so on. The overall quality of shrub ecosystem is also low, and the proportion of excellent and good grade area is 13.29% and 9.91% respectively. The areas with high shrub ecosystem quality are mainly distributed in the areas at high altitude such as eastern and southeastern parts of the Tibetan Plateau, the central and southern parts of Xinjiang, and the Yunnan-Kweichow Plateau. The proportion of excellent grade and good grade of grassland area is 13.46% and

10.29%. The areas with high grassland ecosystem quality are mainly distributed in eastern Inner Mongolia, southeastern Tibetan Plateau, Hengduan Mountain, Yili in Xinjiang, Yunnan-kweichow Plateau. The overall quality of wetland ecosystem is relatively good, and the proportion of excellent and good grade area is 3.26% and 45.29% respectively. The quality of wetlands in the basin of the Pearl River, northwestern and southwestern rivers is relatively good.

Compared with that in 2000, the quality of ecosystem in China has been improved significantly. The forest area of excellent and good grade increases greatly, among which the area of excellent grade increases by 66.45% and that of good grade increases by 88.67%. The forest quality in Lesser Khingan Mountain, Changbai Mountain, Taihang Mountain, Nanling Mountain, Hengduan Mountain and southwest China improved significantly. The quality of shrub ecosystem also improves significantly. The area of excellent quality shrub increases by 28.70%, and the area of good quality shrub increases by 74.22%. The shrub quality in Taihang Mountain, Sichuan and Guizhou has improved significantly. The quality of grassland improves obviously. The grassland area of excellent and good grade increases by 90.24% and 44.26%, respectively. The grassland quality in the Loess Plateau and Sanjiang-source area improves significantly. The overall wetland quality is also getting better, and the wetland area of excellent and good grade increases by 14.04%. The area of wetland with improving quality is mainly concentrated in the Tibetan Plateau.

The water conservation service, soil retention service, windbreak and sand fixation service, flood regulation and storage service, carbon sequestration services-and biodiversity provided by forest, grassland, shrub and wetland ecosystems are the important basis for ensuring China's economic and social sustainable development and maintaining China's ecological security. The total

amount of ecosystem water conservation in China is 1 456.765 billion cubic meters. The areas with high water conservation capacity are mainly distributed in the Greater Khingan Range, Lesser Khingan Mountain, Changbai Mountain, Qinling Mountain, Daba Mountain, Min Mountain, Wuyi Mountain, the central mountainous areas of Hainan, southeast Tibet and other places. Forest ecosystem is the main block of water conservation function of ecosystem in China, and water conservation of forest accounts for 55.93% of the total water conservation in China. Grassland and shrub ecosystems contritube 21.08% and 13.00% of the total water conservation respectively.

The total amount of ecosystem soil retention in China is 1 990.21 billion tons, which is high in the southeast and low in the northwest. The areas with high soil retention capacity are mainly distributed in the hilly area around the Sichuan Basin, Nanling Mountain, Luoxiao Mountain, Wuyi Mountain, Zhejiang-Fujian hills, southern Anhui Mountain and central Hainan Mountain. Forest and shrub ecosystems are the main parts of soil retention in China. Among them, forest ecosystem has the highest amount of soil retention, contributing 63.1% of the total amount of soil retention in China. Shrub ecosystem contributes 13.7% of the total amount of soil retention in China.

The total amount of ecosystem sand fixation in China is 29.334 billion tons. In 2015, 41.92% of the potential wind erosion is eliminated through the function of wind prevention and sand fixation. The areas with the highest ability of wind prevention and sand fixation are mainly distributed in the northeast plain in the east of Horqin sandy land, Hunshandake sandy land, Luliang Mountain and Taihang Mountain located in the Shanxi Plateau, Ordos Plateau, Alxa Plateau, Hexi Corridor, Junggar Basin and other areas. The amount of sand fixation in grassland ecosystem is 14.728 billion tons, accounting for 50.21% of the total

amount of sand fixation in China.

China's wetland ecosystem (lake, reservoir and swamp) has a flood storage capacity of 600.769 billion cubic meters. Among them, the reservoir has the strongest regulation and storage capacity, which is 250.685 billion cubic meters, accounting for 41.73% of the total regulation and storage capacity, and is mainly distributed around the cities in the middle and eastern regions. The wetland ecosystem with the second largest regulation and storage capacity is the lake, which is 213.388 billion cubic meters, accounting for 35.52% of the total regulation and storage capacity, mainly distributed in the Tibetan Plateau and the middle and lower reaches of the Yangtze River. The swamp, which has the regulation and storage capacity of 136.695 billion cubic meters and accounts for 22.75% of the total capacity, is mainly distributed in the Tibetan Plateau, the Greater Khingan Range and Sanjiang Plain.

The carbon sequestration capacity of ecosystems in China shows obvious regional differences in space. The carbon sequestration capacity of ecosystems in the Greater Khingan Range, Lesser Khingan Mountain, Hengduan Mountain, Qinling Mountain, Loess Plateau, Yanshan-Taihang Mountain and southeast mountain areas is high, while the carbon sequestration capacity of ecosystems in North China Plain and Northwest China is low. Forest ecosystem is the main body of carbon sequestration in China, and its annual carbon sequestration accounts for 78.90% of the total carbon sequestration in China. The annual carbon sequestration of shrub and grassland accounts for about 6.14% of the total carbon sequestration.

The most important areas for species protection in China account for 19.87% of the total land area of China, mainly distributed in the northern of the Greater Khingan Range, Lesser Khingan Mountain, Changbai Mountain, Altay Mountain,

Qilian Mountain, eastern Tibetan Plateau and northwest Sichuan, Qionglai-Minshan Mountain, Qinling Mountain, Hengduan Mountain, southeast Tibet, southern Yunnan and Guangxi, Wuyi Mountain and central Hainan mountain, the southeast coastal areas and other places.

4.Ecological protection measures and effectiveness

In the past 40 years, China has carried out the largest land-system sustainability intervention in human history and initiated a series of ecological system protection and restoration programmes with huge investment and significant domestic and even global impacts: Shelterbelt Development Program-Three North, Soil and Water Conservation Program-National, Shelterbelt Development Program-Five Regions, Comprehensive Agricultural Development Program, Soil and Water Conservation Program-Yangtze, National Land Consolidation Program, Natural Forest Conservation Program, Grain for Green Program, Fast-growing and High-yielding Timber Program, Forest Ecosystem Compensation Fund, Sandification Control Program-Beijing/Tianjin, Wildlife Conservation and Nature Protection Program, Partnership to Combat Land Degradation, Rocky Desertification Treatment Program, Grassland Ecological Protection Program and Cultivated Land Quality Program.

From 1998 to 2015, the above-mentioned 16 ecosystem protection and restoration programmes have invested a total of US$378.5 billion and involved over 500 million laborers on approximately 6.24 million square kilometers of land (65% of China's land area). This effort is unprecedented on the global scale. These programmes have brought great benefits to China's natural environment and people's living environment. The United Nations only proposed 17 Sustainable Development Goals (SDGs) at the end of 2015, while this series of major programmes in China has been committed to solving numerous SDGs.

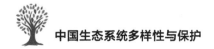
With the strengthening of ecological protection and supervision and the gradual construction of ecological security barriers, China's natural ecosystem has improved, the number of nature reserves has increased, the forest coverage has gradually raised, the area of wetland protection has expanded, and the control of soil erosion, sandification and desertification has achieved initial results. According to the results of the Eighth National Forest Resources Inventory (2009-2013), China has a forest area of 208 million hectares and a forest cover of 21.63%. Over the past 40 years of reform and opening up, China's forest resources have shown a changing trend of increasing the total amount, improving the quality and optimizing the structure. In 2016, there were 2,750 nature reserves nationwide, covering an area of 147.33 million hectares. In 2013, the total wetland area of the country was 53.602 million hectares (another 30.05 million hectares of paddy fields were not included), with a wetland rate of 5.58%. In 2016, a total of 12,041 million hectares of soil erosion was controlled nationwide. By 2014, the area of sandy land that had been effectively controlled was 203,700 square kilometers, accounting for 11.8% of the sandy land area. The work of sandification prevention and control has achieved remarkable results.

5.Measures for strengthening ecosystem protection

In order to better strengthen the protection of the ecosystems, and to support the construction of the national ecological security barrier and the protection of ecological security, further steps are needed: ① improving the natural reserve system with national parks as the main body, including optimizing the spatial layout of nature reserves, formulating the overall layout plan of the national park, completing the optimization and integration of nature reserves, developing a plan for a protected area system, improving the layout of important international protected areas, optimizing the layout of other types of nature reserves. ②keeping

promoting regional ecological construction projects, including implementation of priority protection strategies, reducing residents' dependence on natural ecosystems, and carrying out restoration projects for degraded ecosystems. ③ establishing a long-term mechanism for coordinated development and ecological protection, including promoting education migration and reducing population pressure; establishing and perfecting an ecological compensation system; promoting the local concentration of residents to achieve the combination of improving people's livelihood and protecting the ecology; and promoting a mechanism for realizing the value of ecological products.